普通高等院校计算机基础教育"十四五"规划教材

办公软件精选案例实训教程

主　编　郑　俊

副主编　李　妍　　沈寅斐

主　审　顾顺德

中国铁道出版社有限公司
CHINA RAILWAY PUBLISHING HOUSE CO., LTD.

内 容 简 介

本书是《办公软件高级应用（第二版）》的配套用书。全书共 3 章，包括文字处理软件 Word 2016、表格处理软件 Excel 2016 和演示文稿制作软件 PowerPoint 2016。本书讲解全面，系统地介绍了 MS Office 2016 的使用和编辑，每章的案例讲解贯穿整章的知识点，综合练习可进一步强化操作，增强实践操作能力。实例讲解中以具体的操作步骤介绍各个软件的应用与技巧，操作步骤均配有对应的图解，使读者学习起来更加直观、方便。

本书适合作为各高等院校计算机基础课程的教材，也可作为办公人员的参考用书。

图书在版编目（CIP）数据

办公软件精选案例实训教程/郑俊主编. —北京：中国
铁道出版社有限公司，2021.9（2024.7重印）
普通高等院校计算机基础教育"十四五"规划教材
ISBN 978-7-113-28303-2

Ⅰ.①办… Ⅱ.①郑… Ⅲ.①办公自动化-应用软件-
高等学校-教材 Ⅳ.①TP317.1

中国版本图书馆 CIP 数据核字（2021）第 167169 号

书　　名：**办公软件精选案例实训教程**

作　　者：郑　俊

策　　划：曹莉群	编辑部电话：（010）63549508
责任编辑：陆慧萍　李学敏	
封面设计：刘　颖	
责任校对：苗　丹	
责任印制：樊启鹏	

出版发行：中国铁道出版社有限公司（100054，北京市西城区右安门西街 8 号）

网　　址：https://www.tdpress.com/51eds/

印　　刷：三河市宏盛印务有限公司

版　　次：2021 年 9 月第 1 版　2024 年 7 月第 7 次印刷

开　　本：787 mm×1 092 mm 1/16　印张：12.75　字数：286 千

书　　号：ISBN 978-7-113-28303-2

定　　价：36.00 元

前　　言

根据教育部高等学校大学计算机课程教学指导委员会编制的《大学计算机专业计算机基础课程教学基本要求》，我国高等院校的非计算机专业在大学一年级需开设"大学计算机基础"课程，通过学习计算机基础知识，学习、掌握计算机办公自动化软件的操作技能、信息技术，培养非计算机专业学生的计算思维能力，以适应信息化社会发展的基本要求。

● **本书主要内容**

本书为实训教材，主要通过知识点细化的案例讲解及综合练习的方式，指导读者掌握基于 MS Office 2016 的文档、电子表格、演示文稿的使用和编辑。全书共 3 章：

第 1 章　文字处理软件 Word 2016，内容包含 Word 2016 的基本概念，以及使用 Word 2016 编辑文档、排版、页面设置、样式的使用、长文档编排、邮件合并、表格制作及编辑、图形绘制等操作。

第 2 章　表格处理软件 Excel 2016，内容包含 Excel 2016 的基本概念，以及使用 Excel 2016 创建电子表格，插入图表、公式与函数，对数据进行各种汇总、排序、筛选、统计和处理等操作。

第 3 章　演示文稿制作软件 PowerPoint 2016，内容包含 PowerPoint 2016 的基本功能和基本操作介绍，幻灯片的主题、背景、母版设计，幻灯片中文本、图片、形状、SmartArt 图形、表格、图表、音频、视频、艺术字等对象的编辑和应用，动画、切换效果、超链接等的设置，幻灯片放映设置，演示文稿的打包和输出。

● **本书特色**

（1）实用、可操作性。每部分内容都配有相关的实例讲解与综合练习，将知识点细化，由浅入深，通过实例讲解具体的操作步骤介绍各个软件的应用，每步操作配有对应的图解，使读者学习起来更加直观、容易。

（2）系统、全面性。本书通过案例讲解，全面、系统地介绍了 MS Office 2016 的文档、电子表格、演示文稿的使用和编辑。

（3）综合、拓展性。每章的案例讲解贯穿整章的知识点，综合练习可进一步强化操作，增强实践操作能力。

● **教学方式**

本书可作为普通高等院校各专业学习办公软件应用的实训指导课程教材，在使用时可采用案例讲解结合上机练习的形式。建议在多媒体机房授课，课上可以采用边讲授边练习的方式，讲授理论知识，演示"实训"，课后强化"综合练习"，效果会更佳。

● **编写分工**

本书由郑俊任主编，李妍、沈寅斐任副主编，全书由顾顺德主审。本书具体编写分工如下：李妍负责第 1 章文字处理软件 Word 2016 的编写，郑俊负责第 2 章表格处理软件 Excel 2016 的编写，沈寅斐负责第 3 章演示文稿制作软件 PowerPoint 2016 的编写。全书的筹划、编写组织由郑俊负责。

● **致谢**

在本书的编写过程中，顾顺德教授对本书的写作提出了宝贵的建议，在此表示感谢。此外，在本书的编写过程中，还参阅了大量的教材和文献，借此向这些教材和文献的作者表示衷心感谢。

由于办公软件应用技术范围广、内容更新快，新的思想、方法不断涌现，加之编者的学识水平有限，书中难免有不足和疏漏之处，敬请读者批评指正。

编　者

2021 年 5 月

目　录

文字处理软件
Word 2016 ‹‹‹

  Word 2016 是 Microsoft 公司开发的 Office 2016 办公组件之一，旨在向用户提供文档格式设置工具，利用它可轻松进行文字处理，图、文、表格混排，高效地组织和编写文档。Word 2016 目前作为文字处理软件深受广大用户欢迎。

  本章主要通过知识点细化的案例讲解及强化练习的方式介绍 Word 2016 的基本操作，以及使用 Word 2016 编辑文档、排版、页面设置、表格制作及编辑、图形绘制、邮件合并、样式与引用、长文档编辑、审阅和编辑等基本操作。通过本章的学习，读者应熟练掌握以下知识点：

- 文档的新建、打开、存储，文档类型转换，文档的保护。
- 文档搜索的基本操作、设置文档选项、文本的基本编写（输入、修改、删除、选择、移动、复制、粘贴、剪切）、格式刷、查找和替换、插入符号、日期与时间、脚注和尾注。
- 文字格式的设置（字体、字号、字形、颜色、字符间距、字宽度和水平位置等）、拼音指南、带圈字符、段落的设置（对齐方式、段落缩进、行距、间距、制表位等）、项目符号和编号、边框和底纹。
- 页面设置（页边距、纸张方向、纸张大小、页面颜色和背景等），水印，插入页眉、页脚、页码，首字下沉和分栏，文档部件的创建和使用，分页符和分节符的使用。
- 插入表格、文档与表格转换、表格的格式设置、表格内容的编辑、公式计算、排序。
- 插入公式、艺术字、音频和视频对象。
- 绘制图形、图形格式设置，插入剪贴画，插入图片、图片格式设置，插入文本框（横排、竖排）、文本框格式设置、在文本框之间建立链接，插入 SmartArt 图形、图表，插入超链接，插入和链接外部文件，插入分隔符。
- 邮件合并的使用、绑定数据源、插入合并域及规则。
- 预设样式的修改及使用、新建样式、导入和导出样式、脚注与尾注、题注及交叉引用、书签、索引。
- 长文档排版、多级列表、文档导航、插入目录、插入封面。
- 打印机属性设置、打印预览、打印。
- 文档的比较，文档的修订、批注，文档密码和限制编辑。

1.1 案例讲解

【实训 1-1】

涉及的知识点

文本的输入、文本设置、段落的设置、文本的查找和替换、插入艺术字、插入图片、插入 SmartArt、插入日期和时间、检查文档信息、文档的保存。

操作要求

（1）打开素材文件"实训 1-1.docx"，设置全文字体格式为楷体、小四，段落格式设置为左对齐，段前、段后间距为 0.5 行，悬挂缩进两个字符，行距为固定值 24 磅。

（2）为文章添加标题"蓝牙"，将其设置为艺术字，格式效果为第三行第三列（"填充：蓝色，主题色 5；边框：白色，背景色 1；清晰阴影：蓝色，主题色 5"），文字环绕方式为上下型环绕，水平居中。

（3）将正文中的文字"无线"设置成红色，加着重号，突出显示（绿色）。

（4）插入素材图片"蓝牙.jpg"，图片大小为 30%，文字环绕方式为四周型，位置如样张所示。

（5）在文末插入"基本列表"SmartArt 图形，文字环绕方式为四周型，输入文本"低功率"、"低成本"和"低延时"，色彩为"彩色 - 个性色"，"卡通"型三维样式，并调整成如样张所示的大小及位置。

（6）在文档最后两行分别输入文字"制作人：沈燊"及日期，日期自动更新，格式如样张，段落格式设置为右对齐。

（7）检查文档，删除个人信息。

（8）保存文件，并为文档设置密码"abc123"。

样张（见图 1-1）

图 1-1 实训 1-1 样张

 操作步骤

1．设置文本和段落格式

（1）双击打开素材文件"实训 1-1.docx"，使用快捷键【Ctr+A】选中全文，单击"开始"选项卡"字体"组中的"字体"列表框右端的下拉按钮，在展开的字体列表中单击"楷体"，单击"字号"列表框右端的下拉按钮，在展开的列表中选择"小四"号字体。

（2）单击"开始"选项卡"段落"组右下方对话框启动器按钮显示"段落"对话框，将"常规"属性的"对齐方式"设置为"左对齐"，间距属性的"段前"和"段后"间距设置为"0.5 行"，"缩进"属性"特殊格式"设置为"悬挂缩进"，"缩进值"设置为"2 字符"，间距属性的"行距"设置为"固定值"，修改"设置值"为"24 磅"。

2．添加标题

（1）在文首插入一个回车符，新增一个空行，在空行中输入文字"蓝牙"。

（2）选中文本"蓝牙"，单击"插入"选项卡"文本"组中的"艺术字"按钮插入艺术字，在下拉菜单中选择第三行第三列格式（"填充：蓝色，主题色 5；边框：白色，背景色 1；清晰阴影：蓝色，主题色 5"）。

（3）单击"绘图工具-格式"选项卡"排列"组中的"环绕文字"按钮，在下拉菜单中选择"上下型环绕"命令，单击"绘图工具-格式"选项卡"排列"组中的"对齐"按钮，在下拉菜单中选择"水平居中"命令。

3．设置文字"无线"特殊格式

（1）单击"开始"选项卡"字体"组中"字体颜色"按钮右端的下拉按钮，在展开的颜色设置中单击绿色，如图 1-2 所示。

图 1-2 鲜绿颜色突出显示文本设置界面

（2）将光标定位到文档开始，单击"开始"选项卡"编辑"组中的"替换"按钮，显示"查找和替换"窗口，单击"更多"按钮展开，参照图 1-3 设置查找和替换格式：在"查找内容"列表框中输入文本"无线"，将光标定位在"替换为"列表框中，单击下方"替换"属性的"格式"按钮（注意此时光标必须定位在"替换为"列表框中），在展开的列表中单击"字体"，显示"查找字体"对话框，单击"字体颜色"右端的下拉按钮选择"标准色"下的"红色"，单击"着重号"右端的下拉按钮选择"·"，单击"确定"按钮回到"查找和替换"对话框，再次单击"格式"按钮（注意此时光标定位在"替换为"列表框中），在展开的列表中单击"突出显示"，单击"全部替换"按钮完成 4 处替换。

4．插入图片

（1）将光标定位在合适位置，单击"插入"选项卡"插图"组中的"图片"按钮，

根据素材图片路径正确选择图片"蓝牙.jpg"。

（2）插入图片后，右击图片，单击"大小和位置"命令，弹出"布局"对话框，如图 1-4 所示，确定"缩放"属性的"锁定纵横比"已勾选（此设置可保证图片在缩放时比例保持不变），设置"高度"比例为 30%，"宽度"比例会根据高度比例的变化自动变更为 30%，单击"确定"按钮完成图片设置。

图 1-3 "查找和替换"对话框

图 1-4 图片比例设置对话框

（3）单击"图片工具–格式"选项卡"排列"组中的"位置"按钮，在下拉菜单中选择四周型文字环绕，单击并拖动图片移动至与样张相同位置。

5．插入 SmartArt 图形

（1）将光标定位至文末，按【Enter】键实现换行。

（2）单击"插入"选项卡"插图"组中的"SmartArt"按钮，弹出"选择 SmartArt 图形"对话框，在对话框中选择"列表"组中的"基本列表"图形，单击"确定"按钮插入 SmartArt 图形（因默认图形的文字环绕方式为"嵌入型"，行距不够会可能会导致图未能全部显示，不影响后续操作）。

（3）选中 SmartArt 图形，单击"SmartArt 工具–格式"选项卡"排列"组中的"位置"按钮，在下拉菜单中选择四周型文字环绕。

（4）在 SmartArt 中按样张输入文本，可以直接单击图形进行输入，也可以单击图形左侧中部的箭头形状按钮，在弹出的文本输入窗口进行输入（文本输入完毕后可以将输入窗口关闭），依次输入"低功率""低成本""低延时"文字后，选中多余的两个形状并按【Delete】键删除。

（5）单击"SmartArt 工具–设计"选项卡"SmartArt 样式"组中的"更改颜色"按钮，在下拉框中选择"彩色 – 个性色"，单击"SmartArt 工具–设计"选项卡"SmartArt 样式"组的下拉按钮，选择"卡通"型的三维样式效果。

（6）单击 SmartArt 图形，用鼠标拖动图形框四周的任一小圆点，可以调整图形至合适大小，再将鼠标指针移动到图形边框的位置（指针变成十字箭头）单击拖动，将图片移动至文末。

6．输入文字

（1）将鼠标移至输入文字的合适位置双击，光标自动移动至对应位置行。

（2）输入文字"制作人：沈暴"，可以使用手写功能输入文本：右击屏幕底部的任务栏，选择"显示触摸键盘按钮"菜单，单击任务栏中的图标，在弹出的触摸键盘中，单击左上角的第一个图标，选择手写面板按钮，打开手写面板进行文本的输入，如图 1-5 所示，再次按【Enter】键生成新的段落。

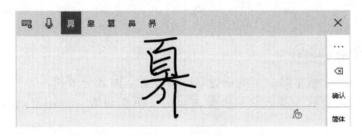

图 1-5　手写面板输入

（3）单击"插入"选项卡"文本"组中的"日期和时间"按钮，显示设置对话框，按图 1-6 选择合适的"可用格式"，勾选"自动更新"复选框，单击"确定"按钮插入日期和时间。

（4）选中最后两行文字，单击"开始"选项卡"段落"组中的"右对齐"按钮。

7．检查文档

单击"文件"|"信息"|"检查问题"|"检查文档"命令，在弹出的"文档检查器"对话框中勾选"文档属性和个人信息"复选框，单击"检查"按钮，Word 检查完毕后，会在该对话框中显示检查结果，如图 1-7 所示，用户可根据需要删除相应的信息，单击"全部删除"按钮删除个人信息，关闭窗口。

图 1-6　"日期和时间"对话框　　　　图 1-7　"文档检查器"窗口

8．保存文件

（1）单击窗口左上角"保存"按钮可对文件进行保存。

（2）单击"文件"|"信息"|"保护文档"|"用密码进行加密"命令，在弹出的"加密文档"对话框中输入密码"abc123"，单击"确定"按钮后，再次输入相同密码，系统会出现如图 1-8 所示说明，表示当前文档加密成功。

图 1-8　保护文档成功提示

【实训 1-2】

涉及的知识点

新建文档、选择性粘贴、文本设置、段落设置、插入分节符、分栏、边框和底纹、插入文本框、插入公式、插入页眉、插入页码、页面设置、使用密码限制编辑。

操作要求

（1）新建文档"小报.docx"，新文档分两页，第一页纸张方向为横向排版，第二页为纵向排版。

（2）将素材文件"唐诗.txt"中的两首古诗复制至新文档的第一页，再将素材文件"实训 1-2.docx"中的内容复制到新文档中的第二页，文字格式使用合并格式。

（3）设置第一页的两首古诗字体为华文新魏，字号 28 磅，分两栏并加分隔线，并调整成样张所示的段落换行方式，居中对齐。

（4）为两首古诗的标题添加点横线、蓝色、1.5 磅的方框和样式为 37.5%、颜色为浅蓝的图案底纹。

（5）将第二页内容插入横排文本框中，文本框样式为"细微效果–金色，强调颜色 4"，"图样"棱台效果，文本框高度为 18 厘米、宽度为 12 厘米，位置为水平相对于"栏"居中、垂直相对于"页面"居中。

（6）文本框内标题"二项展开式"居中、字号小三，文本效果为第二行第四列，其他文字设置字号小四、段落左缩进 2 字符、右缩进 2 字符、首行缩进 2 字符，设置公式图片 $(a+b)^n = \sum_{r=0}^{n} C_n^r a^{n-r} b^r$ 背景色为透明。

（7）使用插入公式功能，在最后一段文字"等式的右边"后添加数学公式 $\sum_{r=0}^{n} C_n^r a^{n-r} b^r$。

（8）按样张为文档添加页眉，第一页内容为"语文小报"，第二页内容为"数学小报"，居中对齐；在页脚处插入页码，样式为"带状物"，页码格式为"第*页"，字体统一为"带状物"的默认格式。

（9）为页面添加如样张所示的宽度为 20 的艺术型页面边框，页面颜色为"羊皮纸"纹理填充。

（10）设置"限制编辑"为"不允许任何更改（只读）"，密码为"xianzhi"，保存文件。

样张（见图 1–9 和图 1–10）

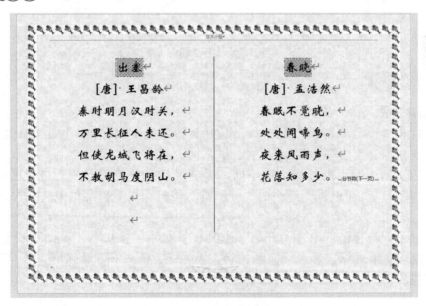

图 1–9　实训 1–2 样张（1）

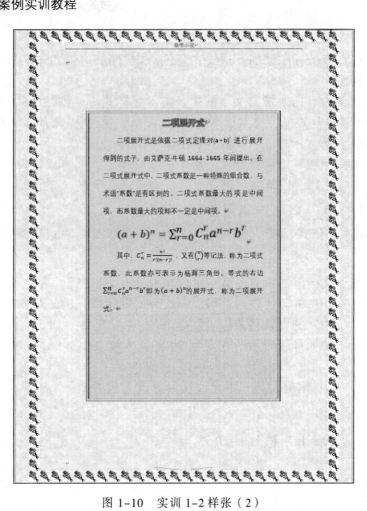

图 1-10　实训 1-2 样张（2）

操作步骤

1．新建文件

（1）打开"开始"菜单，找到 Word 应用程序新建空白文档，单击左上角"保存"按钮，将文档保存至合适位置，文件名为"小报.docx"。

（2）因文档中两页的纸张方向不同，需通过插入分节符对两页进行区分：单击"布局"选项卡"页面设置"组中的"分隔符"按钮，在下拉菜单中选择"分节符"|"下一页"命令，文档变为 2 页。

（3）显示编辑标记：单击"开始"选项卡"段落"组中的"显示/隐藏编辑标记"按钮，可以切换编辑标记显示或隐藏的状态，在显示状态下可看到第一页上端已插入一个分节符（下一页），如图 1-11 所示。

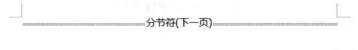

图 1-11　"下一页"分节符

（4）设置第一页横向排版：将光标定位在第一页分节符前，单击"布局"选项卡"页面设置"组中的"纸张方向"按钮，在下拉菜单中选择"横向"命令。

2．复制文字

（1）打开素材文件"唐诗.txt"，通过【Ctrl+A】组合键全选所有文字，将文字复制至"小报.docx"文档第一页。

（2）打开素材文件"实训 1-2.docx"，通过【Ctrl+A】组合键全选所有内容，复制，将光标定位在文档第二页首端，右击，选择"粘贴选项"|"合并格式"选项，原文档中内容的格式与新文档的格式合并。

3．设置古诗格式

（1）选中两首古诗，单击"开始"选项卡"字体"组，分别设置字体和字号。

（2）单击"布局"选项卡"页面设置"组中的"栏"按钮，在展开的列表中单击"更多栏"显示"栏"对话框，按图 1-12 所示，单击"预设"下的"两栏"，勾选"分隔线"前的复选框，单击"确定"按钮。

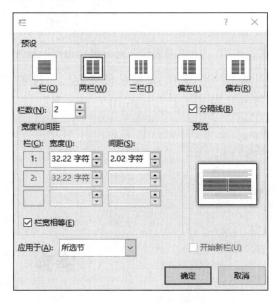

图 1-12 "栏"对话框

（3）如样张图 1-9 所示，在需要换新段落的文字前添加回车符进行换行。

（4）选中两首古诗，单击"开始"选项卡"段落"组中的"居中"按钮。

4．设置古诗标题格式

（1）同时选择两首古诗的标题：选中标题"出塞"，按住【Ctrl】键的同时再选中标题"春晓"。

（2）单击"开始"选项卡"段落"组中的"边框"按钮右侧的下拉按钮，选择"边框和底纹"命令，打开"边框和底纹"对话框，单击"边框"选项卡，按图 1-13 所示设置边框，单击"方框"，设置样式为点横线，颜色蓝色，宽度为 1.5 磅，应用于"文字"。

图 1–13　"边框和底纹"对话框"边框"设置

（3）单击"底纹"选项卡，按图 1–14 所示设置底纹，设置"图案"选项区域"样式"为"37.5%"，"颜色"为"浅蓝"，应用于"文字"，单击"确定"按钮。

图 1–14　"边框和底纹"对话框"底纹"设置

5．插入文本框

（1）选中第二页内容，单击"插入"选项卡"文本"组中的"文本框"按钮，选择"绘制文本框"命令。

（2）单击文本框边框任意位置选中文本框，单击"绘图工具-格式"选项卡"形状样式"组中的"其他"下拉按钮，在下拉菜单中选择"细微效果-金色,强调颜色4"样式效果，单击"绘图工具-格式"选项卡"形状样式"组中的"形状效果"按钮，在下拉菜单中选择"棱台"下的"图样"效果。

（3）设置"格式"选项卡"大小"组高度为18厘米、宽度为12厘米，单击"绘图工具-格式"选项卡"大小"组对话框启动器按钮，打开"布局"对话框，选择"位置"选项卡，如图1-15所示，设置位置为水平相对于"栏"居中、垂直相对于"页面"居中。

图1-15 文本框位置设置对话框

6. 文本框内容设置

（1）选中标题"二项展开式"，设置段落格式为居中、字号为小三，单击"开始"选项卡"字体"组中的"文本效果和版式"按钮，在下拉菜单中选择样式第二行第四列样式。

（2）选中除标题外其他文字，设置字号为小四，单击"开始"选项卡"段落"组对话框启动器按钮，打开"段落"设置对话框，设置"缩进"下的"左侧""右侧"为2字符，设置"特殊格式"为"首行"、缩进值为"2字符"，单击"确定"按钮。

（3）选中公式图片，单击"图片工具-格式"选项卡"调整"组中的"颜色"按钮，在下拉菜单中选择"设置透明色"选项，鼠标变成特殊笔尖形状，将鼠标移至公式图片白色背景处单击，图片背景色变为透明。

7．插入数学公式

（1）将光标定位在文字"等式的右边"之后，单击"插入"选项卡"符号"组中的"公式"按钮，打开公式编辑状态。

（2）"公式工具–设计"选项卡"结构"组可根据数学公式选择对应的公式结构，输入时可以利用鼠标单击或使用方向键来控制符号输入的位置，本题要输入的公式是求和符，如图1–16所示，在结构中选择"大型运算符"结构，单击"有下标/上标限制的求和符"按钮插入公式结构。

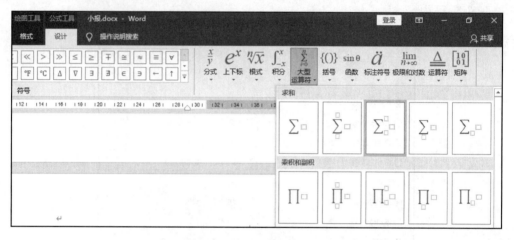

图1–16　选择公式结构

（3）在"公式工具–设计"选项卡"符号"组可以插入特殊字母与特殊符号，单击符号组下拉按钮可以在下拉菜单中切换不同的字母或符号类型，如图1–17所示。

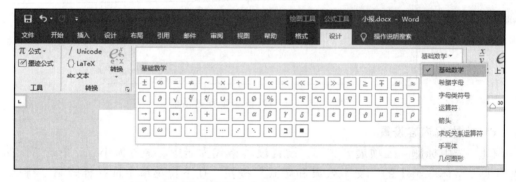

图1–17　插入数学公式中切换字母或符号类型

（4）根据题目要求，完成公式的输入。

8．插入页眉与页码

（1）插入页眉：鼠标双击第一页上方页眉区域，进入页眉编辑状态，输入文字"语文小报"，将光标切换至第二页页眉区域，单击"页眉和页脚工具–设计"选项卡"导航"组中的"链接到前一节"按钮，取消"链接到前一节"状态，删除原文字"语文"，输入文字"数学"。

（2）插入页码：单击"插入"选项卡"页眉和页脚"组中的"页码"按钮，选择

"页面底端"下的"带状物"样式，在页脚的页码前后添加"第"和"页"文字，形成"第*页"页码格式；选中文字"页"，单击"开始"选项卡"剪贴板"组中的"格式刷"按钮，鼠标变为刷子形状，选中文字"第"字，使页码统一字体。

（3）双击页面中部，从页眉编辑状态返回常规编辑状态。

9. 页面设计

（1）单击"设计"选项卡"页面背景"组中的"页面边框"按钮，打开"边框和底纹"对话框的"页面边框"选项卡，选择气球型艺术型边框，应用于"整篇文档"，如图 1-18 所示，单击"确定"按钮。

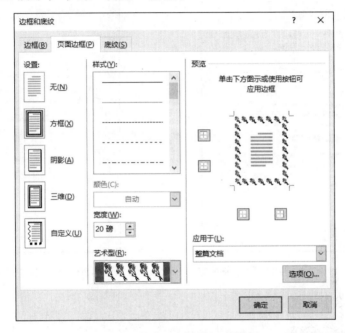

图 1-18 页面边框设置对话框

（2）单击"设计"选项卡"页面背景"组中的"页面颜色"按钮，在下拉菜单中选择"填充效果"选项，打开"填充效果"对话框，单击"纹理"选项卡，选择"羊皮纸"纹理进行填充。

10. 保存文件

（1）单击"文件"|"信息"|"保护文档"|"限制编辑"命令，打开"限制编辑"任务窗格，如图 1-19 所示，勾选"仅允许在文档中进行此类型的编辑"复选框，类型为"不允许任何更改（只读）"，单击"是，启动强制保护"按钮开启限制编辑功能；在弹出的"启动强制保护"对话框中选择"密码"的方式进行文档保护，两次输入设置的密码"xianzhi"，并单击"确定"按钮出现如图 1-20 所示界面，表示"限制编辑"状态已打开；使用文档的任何用户将不能对文档进行修改，如需修改文档，需单击"停止保护"按钮并正确输入密码，才能解开文档保护状态。

（2）单击窗口左上角"保存"按钮进行保存。

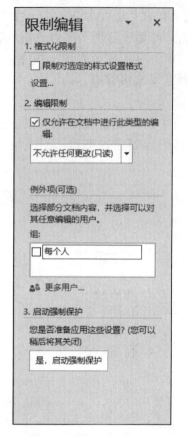

图 1-19 "限制编辑"任务窗格　　　　图 1-20 文档保护状态

【实训 1-3】

涉及的知识点

文本设置、段落设置、插入表格、表格的格式设置、表格内容的编辑、表格公式计算、表格排序、表格样式的设置、插入图表、文件保存。

操作要求

（1）打开素材文件"实训 1-3.docx"，将文本转换成表格（以逗号为分隔符）。

（2）添加标题："2020 年各类书籍销售情况统计表"，幼圆、二号、加粗倾斜、居中、双曲线下画线。

（3）在表格最后新填一行"合计"。

（4）第 1 列根据内容设为最适合列宽，其余各列均为 2.3 厘米；第 1 行行高为 3 厘米，其余各行均为 1.8 厘米。

（5）整个表格居中于页面，表内容水平、垂直方向均居中。

（6）设置斜线表头，行标题为书籍，列标题为时间。

（7）利用公式计算各类书籍的销售总量和各时间段销售量均值（平均值保留两位小数）。

（8）按平均值升序排列整个表格（除合计行）。

（9）设置表格边框线（外框为 1.5 磅双线框，内框为 1.5 磅单线框），第 1 行标题行的底纹为图案填充（样式：20%，颜色：红色），标题行字体加粗、小四号，跨页重复标题行。

（10）在表格下方插入簇状柱形图图表，图表内容为四类书籍的销售总量，图表样式为"样式 12"，颜色为"彩色调色板 4"，图表标题为"四类书籍销售情况"。

（11）保存文件为 PDF 版本"实训 1-3.pdf"。

样张（见图 1-21 和图 1-22）

2020 年各类书籍销售情况统计表

书籍 时间	童话	漫画	科普	趣味数学	平均值
2020 年 3 月	63	75	11	48	49.25
2020 年 12 月	48	33	110	39	57.50
2020 年 2 月	88	101	47	20	64.00
2020 年 11 月	32	55	123	47	64.25
2020 年 5 月	65	41	125	58	72.25
2020 年 6 月	38	79	104	68	72.25
2020 年 8 月	37	84	93	76	72.50
2020 年 1 月	95	115	23	65	74.50
2020 年 7 月	59	86	91	62	74.50
2020 年 10 月	48	72	210	35	91.25

图 1-21 实训 1-3 样张（1）

书籍 时间	童话	漫画	科普	趣味数学	平均值
2020年9月	53	143	159	62	104.25
2020年4月	120	205	57	98	120.00
合计	746	1089	1153	678	916.50

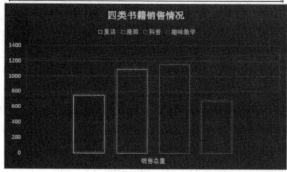

图 1-22 实训 1-3 样张（2）

操作步骤

1．将文本转换成表格

通过【Ctrl+A】组合键选中全文，单击"插入"选项卡"表格"组中的"表格"按钮，在展开的列表中单击"文本转换成表格"选项，按图 1-23 所示设置对话框，单击"确定"按钮。

图 1-23 "将文字转换成表格"对话框

2．添加标题

（1）将鼠标定位在第一行第一个单元格内，按【Enter】键，表格前新增一空行。

（2）在空行内输入文本"2020 年各类书籍销售情况统计表"，选中文字，单击"开始"选项卡"字体"组中的"字体"列表框右下端的下拉按钮，在"字体"对话框中按图 1-24 所示设置。

图 1-24　"字体"对话框

（3）单击"开始"选项卡"段落"组中的"居中"按钮使标题居中。

3．新增一行

（1）将光标定位在表格最后一行任一单元格中，右击并在弹出的快捷菜单中选择"插入"｜"在下方插入行"选项。

（2）在新插行的第一个单元格中输入"合计"。

4．设置行高和列宽

（1）将光标定位在表格中的任一位置，单击"表格工具–布局"选项卡"单元格大小"组中"自动调整"按钮，在展开的列表中单击"根据内容自动调整表格"命令，表格中所有列的列宽自动调整。

（2）选中表格除第一列外的其他列，设置"表格工具–布局"选项卡"单元格大小"组中的"宽度"值为"2.3 厘米"。

（3）选中第 1 行，设置"表格工具–布局"选项卡"单元格大小"组中的"高度"值为"3 厘米"。

（4）选中表格其余行，设置行高为"1.8 厘米"。

5．设置对齐方式

（1）表格居中：将光标定位在表格中的任一位置，右击"表格属性"命令，在弹出的"表格属性"对话框中选择"表格"选项卡，设置"对齐方式"为"居中"，单击"确定"按钮。

（2）表内容水平、垂直方向均居中：单击表格左上方符号⊞选中整张表格，单击"表格工具–布局"选项卡"对齐方式"组中的"水平居中"按钮。

6．设置斜线表头

（1）将光标定位在第1行第1列单元格，单击"表格工具–设计"选项卡下"边框"组中的"边框"下拉按钮，在展开的列表中单击"斜下框线"命令。

（2）输入文字"书籍"和"时间"，通过【Enter】键，设置段落"左对齐"或"右对齐"调整文字位置。

7．计算

（1）计算销售总量：将光标移至最后一行第2列，单击"表格工具–布局"选项卡"数据"组中的"公式"按钮，显示图1-25所示对话框，公式为"=SUM(ABOVE)"，单击"确定"按钮，得到童话类书籍的合计值；复制该单元格的计算值至"合计"行需计算的其他3个单元格中，分别右击3个计算值，在展开的右键菜单中选择"更新域"命令（或选中3个计算值，按【F9】键，实现"更新域"功能），计算值自动更新为相应正确值。

（2）计算平均值：将光标移至第2行第6列，按照以上步骤显示如图1-26所示"公式"设置对话框，输入公式"=AVERAGE(LEFT)"，"编号格式"为"0.00"，单击"确定"按钮；将计算值复制至"平均值"列其他单元格中，如以上步骤完成则更新域。

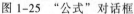

图1-25 "公式"对话框

图1-26 "公式"对话框

8．排序

选中第2~13行，单击"表格工具–布局"选项卡"数据"组中的"排序"按钮，显示图1-27对话框，在"主要关键字"列表中选择"列6"，类型为"数字"，单击"升序"单选按钮，单击"确定"按钮完成排序。

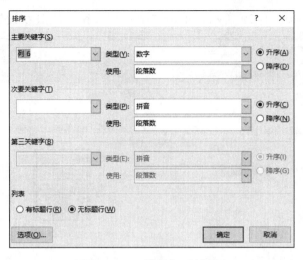

图 1-27 "排序"对话框

9. 设置表格边框和底纹

（1）设置边框：选中表格，单击"表格工具-设计"选项卡"边框"组中"边框"下拉按钮，在展开的列表中单击"边框和底纹"命令，弹出"边框和底纹"对话框，在"边框"选项卡中单击"自定义"，设置样式为双线，宽度为"1.5 磅"，在预览区分别单击上、下、左、右外框线应用以上设置；设置样式为单线，宽度为"1.5 磅"，在预览区分别单击内框线应用以上设置，如图 1-28 所示，单击"确定"按钮完成边框设置。

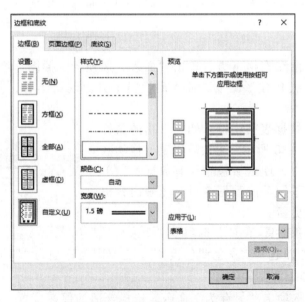

图 1-28 "边框和底纹"对话框

（2）设置底纹：选中第 1 行，单击"表格工具-设计"选项卡"边框"组中"边框"下端的下拉按钮，在展开的列表中单击"边框和底纹"命令，弹出"边框和底纹"对话框，在"底纹"选项卡中，设置"样式"为"20%"，"颜色"为"红色"，应用于"单元格"，如图 1-29 所示，单击"确定"按钮完成底纹设置。

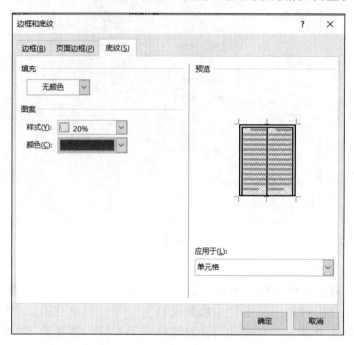

图 1-29 "边框和底纹"对话框

（3）标题行字体设置为加粗、小四号字体。

（4）在选中标题行的状态下，单击"表格工具–布局"选项卡"数据"组中的"重复标题行"按钮。

10. 插入图表

（1）将光标定位在表格下方，单击"插入"选项卡"插图"组中的"添加图表"按钮，选择插入"簇状柱形图"，插入后表格下方出现新图表，并弹出 Excel 数据表格。

（2）在 Excel 数据表格中输入四类书籍的名称和销售总量，如图 1-30 所示（注意需用鼠标拖动区域边角调整区域大小，使区域包含所有数据），单击右上角"关闭"按钮关闭数据窗口，图表内容根据输入的数据自动更新。

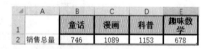

图 1-30 Excel 数据表格

（3）单击"图表工具–设计"选项卡"图表样式"组下拉按钮，选择"样式 12"，单击"更改颜色"按钮选择"彩色调色板 4"，更改图表标题为"四类书籍销售情况"。

11. 保存为 PDF

单击"文件"选项卡"另存为"命令，选择合适的保存位置，在"保存类型"中选择"*.pdf"，按要求设置文件名（注意，保存为 PDF 格式可能会导致设置的颜色等样式与 Word 版本有差异）。

【实训 1-4】

涉及的知识点

特殊符号的查找与替换、带圈字符、项目符号与段落编号、图文排版、插入艺术字、插入页码、页面设置。

操作要求

（1）打开素材"实训 1-4.docx"，将文中的换行符替换为段落标记。

（2）将节目单文字放置在新页中，为各节目添加如样张所示的段落编号，为节目单中的 3 个特殊环节添加项目符号。

（3）设置纸张大小为 32 开，页边距为"窄"，为整个页面设置背景图片"背景.jpg"。

（4）在第 1 页插入图片"牛.jpg"，为图片添加"十字图案蚀刻"艺术效果，更改图片形状为"云"，将图片和所有文字排版成如样张所示样式。

（5）为文档添加如样张所示的页码。

（6）在文末插入艺术字"新年快乐 好事常伴"。

样张（见图 1-31 ~ 图 1-32）

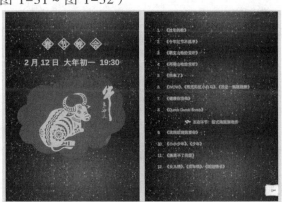

图 1-31 实训 1-4 样张（1）

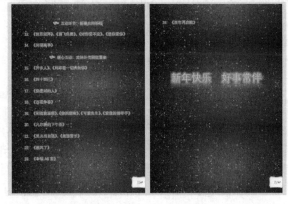

图 1-32 实训 1-4 样张（2）

操作步骤

1．替换换行符

（1）单击"开始"选项卡"编辑"组中的"替换"按钮，在弹出的"查找和替换"对话框中选择"替换"选项卡，单击对话框下方"更多>>"按钮，打开对话框的扩展内容。

（2）设置"查找内容"为"特殊格式"|"手动换行符"，设置"替换为"内容为"特殊格式"|"段落标记"，如图1-33所示，单击"全部替换"按钮，完成替换，关闭对话框。

图 1-33　替换换行符设置

2．设置节目单文字

（1）分页：将光标定位在文字"《过年的歌》"之前，单击"布局"选项卡"页面设置"组中的"分隔符"按钮，插入"分页符"。

（2）设置段落编号：选中节目单文字，单击"开始"选项卡"段落"组中"编号"按钮右侧的下拉按钮，选择如图1-34所示的编号。

图 1-34　段落编号格式

（3）设置项目符号：同时按住【Ctrl】和鼠标左键，拖动选择三个互动环节，单击"开始"选项卡"段落"组中"编号"按钮右侧的下拉按钮，设置编号样式为"无"；单击"开始"选项卡"段落"组中"项目符号"按钮右侧的下拉按钮，选择"定义新项目符号"命令，在弹出的"定义新项目符号"对话框中单击"符号"按钮，在弹出的"符号"对话框中，设置"字体"为"Wingdings"，选择对应的项目符号（字符代码为157），单击"确定"按钮完成符号的选择，返回"定义新项目符号"对话框；单击"字体"按钮，设置字号为"三号"，单击"确定"按钮完成字体的设置，返回"定义新项目符号"对话框，单击"确定"按钮完成项目符号的插入；设置文字段落居中。

3．页面设置

（1）设置布局：单击"布局"选项卡"页面设置"组中"纸张大小"按钮，选择"32 开"，单击"页边距"按钮，选择"窄"页边距。

（2）设置背景：单击"设计"选项卡"页面背景"组中的"页面颜色"按钮，选择"填充效果"，在弹出的对话框中选择"图片"选项卡，单击"选择图片"按钮，在弹出的"插入图片"对话框中，单击从文件中"浏览"选择背景图片"背景.jpg"的正确路径，单击"确定"按钮完成背景的插入。

4．图文排版

（1）插入图片：将光标定位在第一页文字下方，单击"插入"选项卡"插图"组中的"图片"按钮，选择合适的图片路径，插入图片并调整图片位置（更改图片环绕文字方式为"四周型"）；单击"图片工具-格式"选项卡"调整"组中的"艺术效果"按钮，选择"十字图案蚀刻"效果；单击"大小"组中的"裁剪"下拉按钮，选择"裁剪为形状"命令，选择"云形"效果。

（2）选中第 1、2 行文字，设置艺术字格式为第 2 行第 3 列（渐变填充：金色，主题色 4；边框：金色，主题色 4），字号为二号。

（3）对"春节晚会"4 个字分别设置带圈字符：选中文字，单击"开始"选项卡"字体"组中的"带圈字符"按钮，如图 1-35 所示设置。

（4）选中节目单文字，文字为黄色，文本效果和版式为"发光：5 磅；金色，主题 4"。

（5）调整图片位置。

5．插入页码

（1）单击"插入"选项卡"页眉和页脚"组中的"页码"按钮，选择"页面底端"下的"堆叠纸张 2"页码样式，单击"页眉和页脚工具-设计"选项卡"页眉和页脚"组中的"页码"按钮，选择"设置页码格式"，设置编号格式为"Ⅰ,Ⅱ,Ⅲ..."，单击"确定"按钮；勾选"选项"组下"首页不同"复选框。

（2）选中页码中的文字，设置字号为 11、加粗。

图 1-35　设置"带圈字符"

6．插入艺术字

根据样张插入艺术字并调整位置，艺术字样式为"填充：白色；边框：橙色，主题色 2；清晰阴影：橙色，主题色 2"，字号为 28，文字填充色为黄色，为艺术字添加 11 磅的金色发光效果、"半映像：4 磅 偏移量"的映像效果，调整艺术字至合适位置，水平居中。

【实训 1-5】

涉及的知识点

文本设置、表格样式、页面设置、水印、邮件合并。

具体操作

（1）打开素材"实训 1-5.docx"，设置文档颜色为"黄色"，纸张大小为：宽 15 厘米高 30 厘米，横向，上、下页边距为 4 厘米，左、右页边距为 3 厘米，页面颜色为"雨后初晴"的"斜下"渐变填充。

（2）添加文字水印"成绩单"：幼圆，80，黄色，半透明，水平。

（3）用素材"成绩.xlsx"按样张对文档进行邮件合并（按学生学号排序），插入学生的学号、姓名及成绩，并根据成绩判断计算机成绩等级（总分大于等于 60 分为合格，否则为不合格）。

（4）样张调整文本和表格样式。

（5）文档以原文件名保存，对第 6~10 名学生的成绩单进行合并并以"成绩单.docx"保存。

样张（见图 1-36）

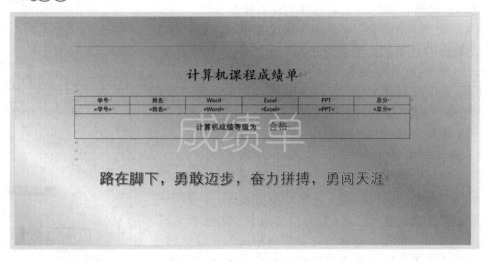

图 1-36　实训 1-5 样张

操作步骤

1. 设计与布局

（1）单击"设计"选项卡"文档格式"组中"颜色"按钮，选择"黄色"。

（2）单击"布局"选项卡"页面设置"组中"纸张大小"按钮，选择"其他页面大小"命令，弹出"页面设置"对话框，设置"宽度"为"15 厘米"、"高度"为"30 厘米"；单击"页边距"选项卡，设置上、下边距为"4 厘米"，左、右边距为"3 厘米"，设置"纸张方向"为"横向"，单击"确定"按钮。

（3）单击"设计"选项卡"页面背景"组中"页面颜色"按钮，选择"填充效果"命令，弹出"填充效果"对话框中，选择"渐变"选项卡，勾选"颜色"下方"预设"单选按钮，在"预设颜色"中选择"雨后初晴"，设置"底纹样式"为"斜下"，单击"确定"按钮。

2. 添加水印

单击"设计"选项卡"页面背景"组中"水印"按钮，选择"自定义水印"命令，弹出"水印"对话框，单击"文字水印"单选按钮，设置"文字"为"成绩单"，设置"字体"为"幼圆"、"字号"为"80"、"颜色"为"黄色"（勾选"半透明"复选按钮）、版式为水平，单击"确定"按钮。

3. 邮件合并

（1）绑定数据源并排序：单击"邮件"选项卡"开始邮件合并"组中"选择收件人"按钮下的"使用现有列表"命令，根据文件的合适路径选择"成绩.xlsx"文件及对应工作表；单击"编辑收件人列表"按钮，在弹出的对话框中单击"学号"列标题，使数据源按学号排序，单击"确定"按钮。

（2）插入合并域：将光标定位在"学号"下方单元格，单击"邮件"选项卡"编写和插入域"组中"插入合并域"右侧的下拉按钮，选择"学号"插入"学号"域，如图 1-37 所示，此时单击"邮件"选项卡"预览结果"组中"预览结果"按钮，可以预览到当前学生的具体学号；姓名及各项成绩的插入操作类似，如图 1-38 所示。

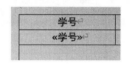

图 1-37 插入"学号"域

学号	姓名	Word	Excel	PPT	总分
《学号》	《姓名》	《Word》	《Excel》	《PPT》	《总分》

图 1-38 其他域的插入

（3）插入计算机成绩等级：将光标定位在"等级为"后，单击"邮件"选项卡"编写和插入域"组中"规则"按钮，选择"如果…那么…否则…"命令，弹出条件设置对话框，如图 1-39 所示设置，单击"确定"按钮，插入计算机等级。

图 1-39 插入计算机成绩等级域

4．设置文本与表格格式

（1）调整标题：设置标题文字为华文楷体、一号、加粗、居中。

（2）调整表格：选中整张表格，单击"表格工具–布局"选项卡"单元格大小"组中"自动调整"按钮，选择"根据窗口自动调整表格"命令，单击"对齐方式"组中"水平居中"按钮；文字加粗，表格最后一行文字样式如样张调整放大；将鼠标定位在表格最下端框线处，单击向下拖动，将单元格行高调整至合适大小。

（3）将最后一行文字设置为艺术字（填充：黑色，文本色1；边框：白色，背景色1；清晰阴影：红色，主题色5），字号28，水平居中。

5．保存文件

（1）保存当前文件：单击窗口左上角"保存"按钮进行保存。

（2）保存合并文档：单击"邮件"选项卡"完成"组中"完成并合并"按钮，选择"编辑单个文档"命令，弹出"合并到新文档"对话框，如图1-40所示设置对话框，单击"确定"按钮，生成合并后的新文档，对新文档进行保存，文件名为"成绩单.docx"。

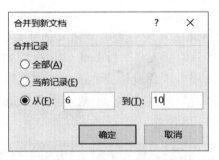

图1-40　合并到新文档

【实训1-6】

涉及的知识点

文字格式的设置、段落的设置、页面设置、表格修饰、邮件合并（插入合并域、插入照片域）。

操作要求

（1）新建文件"准考证模板.docx"，修改纸张大小为宽度20厘米、高度15厘米，如样张（见图1-41）设置文字与表格格式，准考证样式参考素材文件"实训1-6.docx"。

（2）为准考证插入姓名、性别、报名地址和准考证号，数据信息在素材"考生信息.xlsx"中。

（3）在表格右侧空白区域插入考生照片，照片在素材"头像"文件夹中。

（4）合并文档并保存为"准考证合并文档.docx"。

样张（见图 1-41）

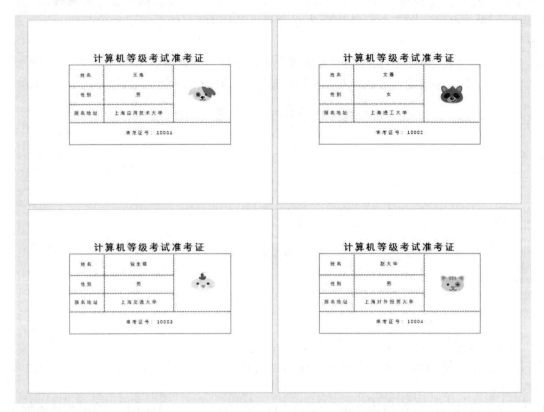

图 1-41 实训 1-6 样张

操作步骤

1. 新建文件及排版

（1）新建文件"准考证模板.docx"，单击"布局"选项卡"页面设置"组中的"纸张大小"按钮，选择"其他纸张大小"命令，设置宽度为 20 厘米、高度 15 厘米，单击"确定"按钮完成设置。

（2）单击"插入"选项卡"表格"组中的"表格"按钮，如图 1-42 所示，插入一行一列的单元格，设置"表格工具-布局"选项卡"单元格大小"组中的"行高"为 8 厘米。

（3）将素材"实训 1-6.docx"中的所有内容复制至该单元格内。

（4）设置文字：设置准考证标题字体为黑体、二号、居中，表格内文字字号为四号。

（5）内表格排版：将鼠标放置在内表格的列或行上单击拖动，调整行高和列宽至合适位置；选中整张表格，单击"表格

图 1-42 插入表格

工具–布局"选项卡"对齐方式"组中"水平居中"按钮，使表格文字居中。

（6）设置内表格边框：选中整张内表格，单击"表格工具–设计"选项卡"边框"组中的"边框"下拉按钮下"边框和底纹"命令，打开"边框和底纹"对话框，设置"边框"为"自定义"类型，外边框为浅蓝色、1.5磅细实线，内边框为红色、0.75磅虚线。

（7）将外表格的框线设置为"无框线"（选中整个外表格，单击"表格工具–设计"选项卡"边框"组中的"边框"下拉按钮，选择"无框线"命令），效果如图1–43所示。

计算机等级考试准考证

姓　名		
性　别		
报名地址		
准考证号：		

图1–43　表格设置

2．插入文本域

（1）绑定数据源：单击"邮件"选项卡"开始邮件合并"组中的"选择收件人"按钮，选择"使用现有列表"命令，根据素材路径，选择"考生信息.xlsx"文件及对应工作表。

（2）将鼠标定位在内表格第1行第2列，单击"邮件"选项卡"编写和插入域"组中的"插入合并域"按钮右侧的下拉菜单，插入"考生姓名"合并域。

（3）性别、报名地址和准考证号的插入同上步操作。

3．插入照片域

（1）将光标定位在表格右侧空白区域内，单击"插入"选项卡"文本"组中的"文档部件"下的"域"命令，弹出"域"对话框，在域名列表中选择"IncludePicture"，在"域属性"文本框中输入照片所在位置及文件名，例如，"d:\实训1–6素材\头像\10001.png"（注意：照片文件名及路径需与数据源中信息一致），单击"确定"按钮关闭该对话框，指定的图片就会显示在Word中。

（2）按【Alt+F9】组合键显示域代码，如图1–44所示，删除代码"IncludePicture"后引号内的内容，将光标停留在该引号内，单击"邮件"选项卡"编写和插入域"组中的"插入合并域"|"照片"命令，代码如图1–45所示，再次按【Alt+F9】组合键关闭显示域代码。

（3）更新标签：单击"邮件"选项卡"开始邮件合并"组中的"开始邮件合并"|"标签"命令，弹出"标签选项"对话框，使用默认设置，单击"确定"按钮关闭该对话框；系统弹出"邮件合并"警告对话框，单击"取消"按钮关闭该对话框；单击"邮件"选项卡"编写和插入域"组中的"更新标签"按钮。

计算机等级考试准考证

姓名	{ MERGEFIELD 考生姓名 }	INCLUDEPICTURE "d:\\实训 1-6 素材 \\头像 \\10001.png" * MERGEFORMAT
性别	{ MERGEFIELD 性别 }	
报名地址	{ MERGEFIELD 报名地址 }	

准考证号：{ MERGEFIELD 准考证号 }

图 1-44　插入域代码

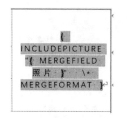

图 1-45　插入照片域代码

4．保存文档

（1）保存当前文档。

（2）保存合并文档：单击"邮件"选项卡"完成"组中的"完成并合并"|"编辑单个文档"命令，弹出"合并到新文档"对话框，选择"全部"单选按钮，单击"确定"按钮关闭该对话框；合并后的文档在新建的 Word 应用窗口中显示；按【Ctrl+A】组合键选中整个文档，按【F9】键更新域；保存新文件为"准考证合并文档.docx"。

【实训 1-7】

涉及的知识点

文字格式的设置、段落的设置、插入形状、插入页码、分栏、预设样式的修改与应用、新建样式与应用、样式的导入、插入脚注、插入尾注、插入题注与交叉引用、插入书签、插入索引及索引目录。

操作要求

（1）打开素材"实训 1-7.docx"，修改"标题"样式的字体为华文新魏、二号、"浅灰色，背景 2"填充底纹，并应用于标题。

（2）新建"个人信息"样式，样式为黑体、小五号字体，应用于第 2～5 行文字。

（3）将素材"样式.docx"中的"正文样式"导入到现有文件中，并将其应用于协议书的正文中。

（4）为文档标题添加脚注"本合同仅供参考"，为本文第一次出现的"补充条款"文字添加尾注"补充条款如下："。

（5）在文档下方插入"普通数字 2"页码。

（6）在文字"家具清单见："下方插入图片"家具清单.jpg"，并为图插入如样张所示题注，并为文字添加该图片的交叉引用。

（7）为"租赁期限"文字添加书签。

（8）为文中所有的"甲方"标记索引，并在正文末插入"正式"索引目录。

（9）利用"分栏"功能，调整文档最后部分签章处排版，甲方文字在左，乙方文字在右，并在签章处分别插入标准形状"星型：七角"。

样张（见图 1-46 和图 1-47）

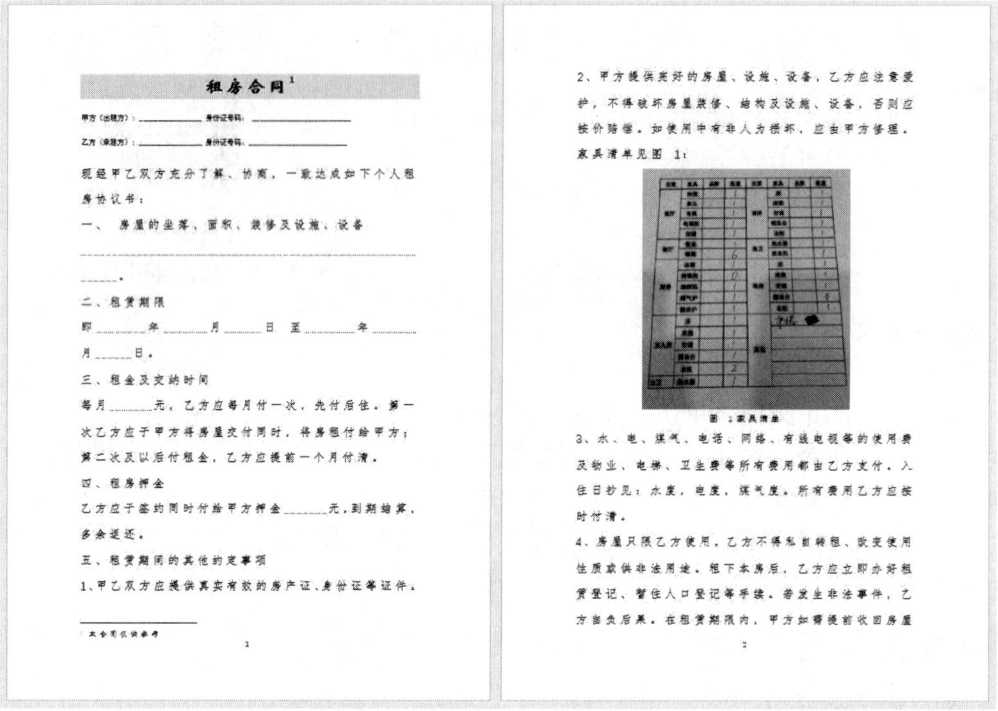

租房合同[1]

甲方（出租方）：__________ 身份证号码：__________

乙方（承租方）：__________ 身份证号码：__________

现经甲乙双方充分了解、协商，一致达成如下个人租房协议书：

一、 房屋的坐落、面积、装修及设施、设备

……………………………………………………。

二、租赁期限

即……年……月……日至……年……月……日。

三、租金及交纳时间

每月……元，乙方应每月付一次，先付后住。第一次乙方应于甲方将房屋交付同时，将房租付给甲方；第二次及以后付租金，乙方应提前一个月付清。

四、租房押金

乙方应于签约同时付给甲方押金……元，到期结算，多余退还。

五、租赁期间的其他约定事项

1、甲乙双方应提供真实有效的房产证、身份证等证件。

[1] 本合同仅供参考

1

2、甲方提供完好的房屋、设施、设备，乙方应注意爱护，不得破坏房屋装修、结构及设施、设备，否则应按价赔偿。如使用中有非人为损坏，应由甲方修理。家具清单见图 1：

图 1家具清单

3、水、电、煤气、电话、网络、有线电视等的使用费及物业、电梯、卫生费等所有费用都由乙方支付。入住日抄见：水度，电度，煤气度。所有费用乙方应按时付清。

4、房屋只限乙方使用，乙方不得私自转租、改变使用性质或供非法用途。租下本房后，乙方应立即办好租赁登记、暂住人口登记等手续。若发生非法事件，乙方自负后果。在租赁期限内，甲方如需提前收回房屋

2

图 1-46　实训 1-7 样张（1）

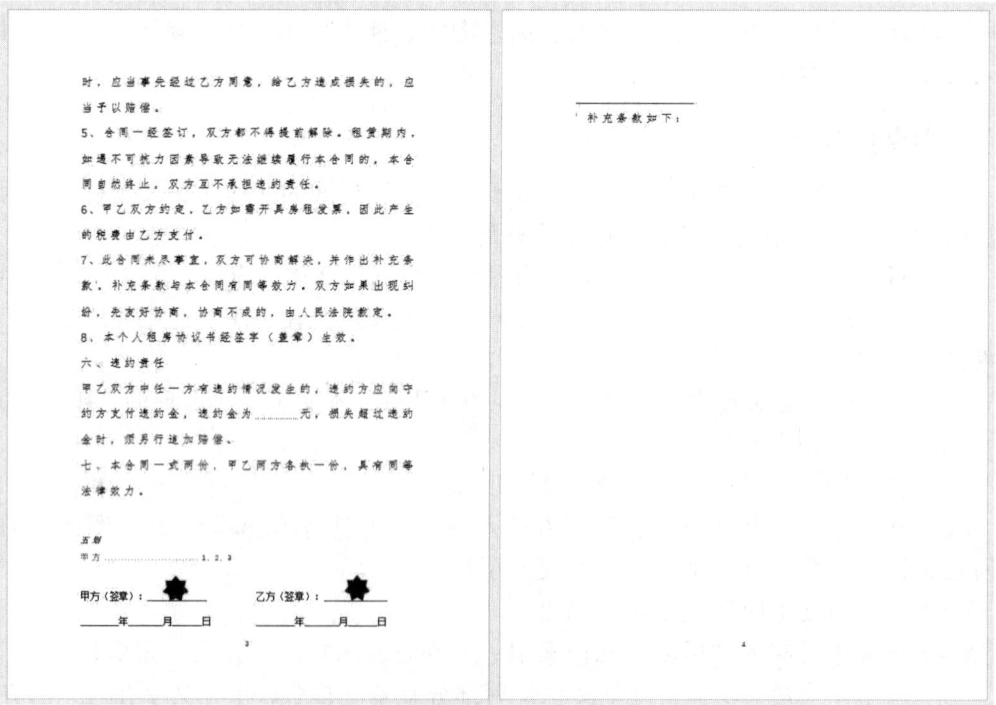

时，应当事先经过乙方同意，给乙方造成损失的，应当予以赔偿。

5、合同一经签订，双方都不得提前解除。租赁期内，如遇不可抗力因素导致无法继续履行本合同的，本合同自然终止，双方互不承担违约责任。

6、甲乙双方约定，乙方如需开具房租发票，因此产生的税费由乙方支付。

7、此合同未尽事宜，双方可协商解决，并作出补充条款[1]，补充条款与本合同有同等效力。双方如果出现纠纷，先友好协商，协商不成的，由人民法院裁定。

8、本个人租房协议书经签字（盖章）生效。

六、违约责任

甲乙双方中任一方有违约情况发生的，违约方应向守约方支付违约金，违约金为……元，损失超过违约金时，须另行追加赔偿。

七、本合同一式两份，甲乙两方各执一份，具有同等法律效力。

五割

甲方……………………1，2，3

甲方（签章）：______　　乙方（签章）：______

____年____月____日　　____年____月____日

3

[1] 补充条款如下：

4

图 1-47　实训 1-7 样张（2）

操作步骤

1. 修改样式并应用

（1）修改样式：右击"开始"选项卡"样式"组样式列表中的"标题"样式，在弹出的快捷菜单中选择"修改"命令，弹出"修改样式"对话框，设置"格式"的字体为"华文新魏"、字号为"二号"；单击对话框下方"格式"按钮，选择"边框"选项，在弹出的"边框和底纹"对话框中选择"底纹"选项卡，选择"浅灰色，背景2"填充色，应用于"段落"，单击"确定"按钮完成底纹设置；单击"确定"按钮完成样式修改。

（2）鼠标拖动选中文档标题"租房合同"文字，单击"样式"组中"标题"样式按钮，应用样式。

2. 新建样式并应用

（1）新建样式：单击"开始"选项卡"样式"组对话框启动器按钮，展开"样式"窗格，单击窗口左下方"新建样式"按钮，打开"根据格式化创建新样式"对话框，设置"名称"为"个人信息"，字体为"黑体"、字号为"小五"，单击"确定"按钮完成样式的新建，新样式出现在"样式"组的样式列表中。

（2）应用样式：鼠标拖动选中第 2~5 行文字，在"样式"组的样式列表中单击"个人信息"样式应用样式。

3. 导入样式并应用

（1）导入样式：单击"样式"窗格下方"管理样式"按钮，在弹出的"管理样式"对话框中单击下方"导入/导出"按钮，弹出"管理器"对话框，"样式"选项卡的左侧为当前文件中的样式；单击右侧下方的"关闭文件"按钮关闭右侧文件，再单击"打开文件"按钮选择素材"样式.docx"（选择文件时，需把文件类型切换为"所有文件"），素材中的样式出现在对话框右侧；单击对话框右侧的"正文，正文样式"选项，单击"复制"按钮，弹出如图 1-48 所示的提醒对话框，单击"是"按钮，该样式导入到左侧当前文件中，如图 1-49 所示，单击"关闭"按钮。导入后，"正文样式"出现在当前文档的样式列表中。

图 1-48 样式导入提醒对话框

图 1-49 导入样式对话框

（2）应用样式：鼠标拖动选中协议书的正文（仅包括第一至七条内容），在样式列表中单击"正文，正文样式"应用样式。

4．添加脚注和尾注

（1）添加脚注：将光标定位在标题"租房合同"文字后，单击"引用"选项卡"脚注"组中的"插入脚注"按钮，光标自动定位至文档当页最下方的脚注处，在该位置输入文字"本合同仅供参考"。

（2）添加尾注：单击"开始"选项卡"编辑"组中的"查找"按钮，在弹出的"导航"窗格的搜索栏中输入文字"补充条款"，在下方出现的搜索结果中选择第一条，关闭"导航"窗格；将光标定位该文字后，单击"引用"选项卡"脚注"组中的"插入尾注"按钮，光标自动定位到文末尾注处，输入文字"补充条款如下："

5．插入页码

单击"插入"选项卡"页眉和页脚"组中的"页码"按钮，选择"页面底端"下"普通数字 2"页码；插入后，双击文档编辑区域回到文档编辑状态。

6．插入图片、题注与交叉引用

（1）插入图片：将光标定位在文字"家具清单见："后方，通过【Enter】键进行换行，单击"插入"选项卡"插图"组中的"图片"按钮，选择图片来自"此设备"，插入素材图片"家具清单.jpg"，调整图片大小，通过"开始"选项卡"段落"组中的"居中"按钮使图片居中，将光标定位在图片后按【Enter】键进行换行。

（2）插入题注：单击"引用"选项卡"题注"组中的"插入题注"按钮，在弹出的"题注"对话框中单击"新建标签"按钮，新建标签"图"，题注样式如图 1-50 所示，单击"确定"按钮完成题注插入，在生成的题注编号后输入图片标题"家具清单"，单击"开始"选项卡"段落"组中的"居中"按钮使题注居中。

（3）插入交叉引用：将光标定位在文字"家具清单见"后，单击"引用"选项卡"题注"组中的"插入交叉引用"按钮，在弹出的"交叉引用"对话框中，设置"引用类型"为"图"，引用内容为"仅标签和编号"，"引用哪一个题注"为"图 1 家具清单"，如图 1-51 所示，单击"确定"按钮完成交叉引用的插入，单击"关闭"按钮关闭对话框。

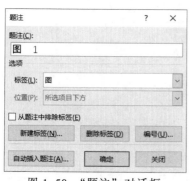

图 1-50　"题注"对话框

图 1-51　"交叉引用"对话框

7．添加书签

（1）添加书签：将光标定位在"二、租赁期限"后，单击"插入"选项卡"链接"组中的"书签"按钮，在弹出的"书签"对话框中设置"书签名"为"租赁期限"，单击"添加"按钮完成书签的插入。

（2）定位书签：添加书签后，可单击"开始"选项卡"编辑"组中的"查找"按钮右侧的下拉按钮，选择"转到"命令，进入"查找和替换"对话框，在"定位"选项卡中设置"定位目标"为"书签"，可通过单击右侧下拉按钮选择定位至已有的书签位置。

8．插入索引及索引目录

（1）插入索引：在文中用鼠标拖动选择任意"甲方"文字，单击"引用"选项卡"索引"组中的"标记条目"按钮，弹出"标记索引项"对话框，索引的"主索引项"自动更新为刚才所选文字"甲方"，单击"标记全部"按钮将文中所有的"甲方"文字进行标记，单击"关闭"按钮关闭窗口。

（2）插入索引目录：将光标定位在文末"法律效力。"后，通过【Enter】键插入新行，单击"引用"选项卡"索引"组中的"插入索引"按钮，在弹出的"索引"对话框中设置"格式"为"正式"，单击"确定"按钮完成索引目录的插入。

（3）隐藏索引标记：单击"开始"选项卡"段落"组中的"显示/隐藏编辑标记"可切换显示或隐藏状态。

9．排版及插入形状、保存

（1）分栏：配合【回车符】和移动文本操作，将文章最后的文字调整成如图1-52所示排版，鼠标拖动选中该段文字，单击"布局"选项卡"页面设置"组中的"栏"|"两栏"按钮，将其分为两栏。

甲方（签章）：＿＿＿＿＿＿↵

＿＿＿＿年＿＿＿月＿＿日↵

乙方（签章）：＿＿＿＿＿＿↵

＿＿＿＿年＿＿＿月＿＿日↵

图 1-52　文字排版

（2）插入形状：将鼠标定位在甲方签章处，单击"插入"选项卡"插图"组中的"形状"按钮，选择"星形：七角"形状，鼠标移至甲方签章处，按住【Shift】键进行拖动，绘制固定比例的标准形状；单击该形状，单击"绘图工具-格式"选项卡"形状样式"组中的"形状填充"右侧的下拉按钮，选择"深红"色，单击"形状轮廓"右侧的下拉按钮，选择"无轮廓"选项；选中该形状，复制并移动到乙方签章处。

（3）保存文件。

【实训 1-8】

涉及的知识点

文档排版、插入项目符号、边框、分栏、插入图片、插入页眉、插入奇偶页不同页码、插入脚注。

操作要求

（1）打开素材"实训 1-8.docx"，在页眉中插入图片"背景.png"，根据页面大小适当调整和裁剪图片。

（2）分别对文档标题、作者及其他文字进行设置和排版，为文档的四个招新部门添加 ✪ 项目符号、特殊文本效果和边框。

（3）插入素材图片"招新人数.jpg"并排版。

（4）对"招新部门"下方文字进行分栏排版。

（5）在文档下方添加页码，其中奇数页格式为"堆叠纸张 2"、偶数页格式为"堆叠纸张 1"。

（6）为文档标题添加脚注："https://youth.sandau.edu.cn/2020/0902/c1559a39944/page.htm"。

样张（见图 1-53 ~ 图 1-55）

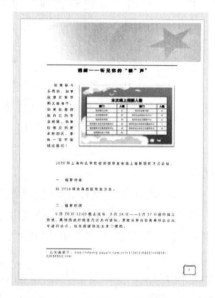

图 1-53　实训 1-8 样张（1）

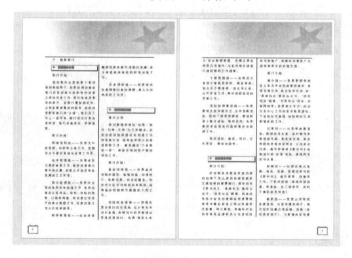

图 1-54　实训 1-8 样张（2）

图 1-55 实训 1-8 样张（3）

 操作步骤

1. 设置页眉

（1）在页眉插入图片：双击页眉区域，单击"插入"选项卡"插图"组中的"图片"按钮，根据素材路径插入素材图片"背景.png"。

（2）图片排版：选中图片，单击"图片工具–格式"选项卡"排列"组中的"环绕文字"按钮，选择"上下型环绕"方式；单击拖动图片四周的控点，按住【Shift】键将图片调整成与页面同宽；单击"大小"组中的"裁剪"按钮，单击下方裁剪控点进行拖动，将图片裁剪至合适高度，如图 1-56 所示，再次单击"大小"组中的"裁剪"按钮完成图片裁剪；双击正文区域，回到文档编辑状态，页眉图片颜色自动变为半透明状。

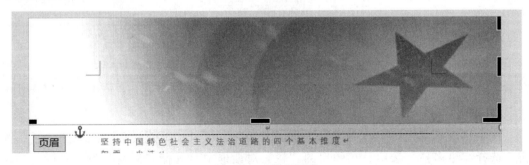

图 1-56 裁剪图片

2. 文档排版

（1）标题与作者：设置标题为黑体、四号、加粗、居中，设置作者信息为楷体、小四号、加粗、居中。

（2）正文排版：鼠标拖动选中正文文字，设置段落格式为首行缩进 2 个字符、段前间距为 0.5 行、段后间距为 0.5 行、1.25 倍行距。

（3）设置小标题文本格式：将光标定位在第一个部门"校团委办公室"处，单击"开始"选项卡"段落"组中的"项目符号"右侧的下拉按钮，在弹出的下拉列表中选择"定义新项目符号"命令，在弹出的"定义新项目符号"对话框中单击"符号"按钮，打开"符号"对话框，设置字体为"Wingdings"，选择正确的项目符号（符号代码为 118），单击"确定"按钮完成符号的选择，返回"定义新项目符号"对话框，单击"确定"按钮完成项目符号的插入；鼠标左键拖动选中小标题文字，单击"开始"选项卡"字体"组中的"文本效果和版式"按钮，选择"填充：橙色，主题色 2；边框：橙色，主题色 2"效果；单击"开始"选项卡"段落"组中的"边框"按钮右侧的下拉按钮，选择"边框和底纹"命令，在弹出的对话框中选择"边框"选项卡，设置边框样式为"阴影"，颜色为"橙色，个性色 2"，应用于"段落"，单击"确定"按钮完成边框的设置；配合"开始"选项卡"剪贴板"组中的"格式刷"按钮，对其他 2 个小标题进行相应修改。

3. 插入图片

将光标定位在第 1 页合适位置，单击"插入"选项卡"插图"组中的"图片"按钮，插入素材图片"招新人数.jpg"；选中图片，单击"图片工具-格式"选项卡"大小"组对话框启动器按钮，在弹出的"布局"对话框"大小"选项卡中，设置图片的显示比例为 25%，单击"确定"按钮完成设置；单击"图片工具-格式"选项卡"排列"组中的"环绕文字"按钮，选择"四周型"环绕方式；单击"图片工具-格式"选项卡"图片样式"组的"快速样式"按钮，选择"简单框架，白色"样式；单击拖动图片至合适位置，如图 1-57 所示。

图 1-57　图片排版

4. 分栏

选中"招新部门"下方文字，单击"布局"选项卡"页面设置"组中的"栏"按钮，选择"更多栏"选项，在弹出的"栏"对话框中，选择"预设"为"两栏"，勾选"分隔线"复选框，单击"确定"按钮完成分栏，如图 1-58 所示。

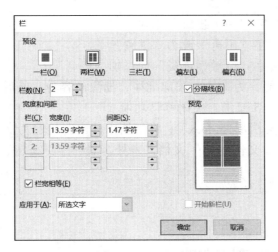

图 1-58 "栏"对话框

5. 插入页码

（1）插入奇数页页码：将光标定位在第一页，单击"插入"选项卡"页眉和页脚"组中的"页码"按钮，选择"页面底端"下的"堆叠纸张 2"样式页码，插入奇数页的页码。

（2）插入偶数页页码：将光标定位在第二页页脚处，勾选"页眉和页脚工具–设计"选项卡"选项"组中的"奇偶页不同"复选框；单击"设计"选项卡下"页眉和页脚"组中的"页码"按钮，选择"页面底端"下的"堆叠纸张 1"样式页码，完成偶数页页码的插入。

（3）因设置奇偶页不同，导致偶数页原先插入页眉的图片消失，此时应对偶数页的页眉图片重新进行插入（可以通过复制奇数页的页眉图片快速插入和调整）。

（4）双击正文区域回到文档编辑状态。

6. 插入脚注

将光标定位在标题后，单击"引用"选项卡"脚注"组中的"插入脚注"按钮，在脚注处输入文字"此文来源于 https://youth.sandau.edu.cn/2020/0902/c1559a39944/page.htm"。

【实训 1-9】

涉及的知识点

合并文档、修订文档、添加批注、插入文档部件。

操作要求

（1）将素材"修订文档.docx"中的修订内容合并到素材"实训 1-9.docx"中，并接受修订，将合并后的文档保存为"合并文件.docx"。

（2）在新文档中，通过修订功能，完成下列修订，修订显示格式为"在批注框中显示修订"。

① 第 1 句：将文字"一个班级"删除。

② 第 2 句：将文字"不再"改为"继续"。

③ 第 3 句：在文字"过敏性鼻炎"后添加"患者"。

（3）通过批注功能，为第 4 句添加批注，批注内容为"前后矛盾"，设置批注格式为青绿，指定宽度 6.5 厘米，关闭修订功能。

（4）打开素材"文档部件.docx"，将文档中的内容构建为文档部件，并以文档部件的形式插入至"合并文件.docx"文档文末处。

样张（见图 1-59）

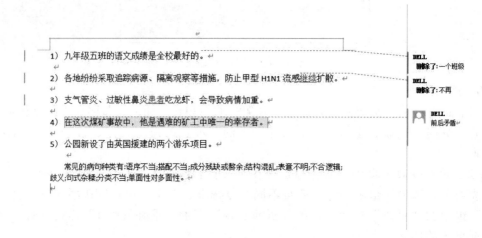

图 1-59 实训 1-9 样张

操作步骤

1. 合并文档

（1）打开素材"实训 1-9.docx"，单击"审阅"选项卡"比较"组中的"比较"按钮，选择"合并"选项，在弹出的"合并文档"对话框中，根据素材保存路径，设置"原文档"为"实训 1-9.docx"、"修订的文档"为"修订文档.docx"，"将未标记的更改标记为"默认为当前用户名称，如图 1-60 所示，单击"确定"按钮，弹出合并后的文档。

图 1-60 "合并文档"对话框

（2）在弹出的新文档中，多次单击"审阅"选项卡"更改"组中"接受"下拉按钮，选择"接受并移到下一处"命令，接受合并后的修订，弹出如图 1-61 所示系统提示对话框，单击"确定"按钮完成对原文档的修订。

（3）关闭当前文档的"修订"窗口、"原文档"浏览窗口和"修订文档"浏览窗口，将文档保存为"合并文件.docx"。

图 1-61　修订警告对话框

2．修订文档

（1）打开修订功能：单击"审阅"选项卡"修订"组中的"修订"按钮，打开修订功能；单击"修订"组的对话框启动器按钮，在弹出的"修订选项"对话框中设置"'所有标记'视图中的批注框显示"为"修订"，单击"确定"按钮。

（2）对三句文字根据题目要求进行修改，修改后样式如图 1-62 所示。

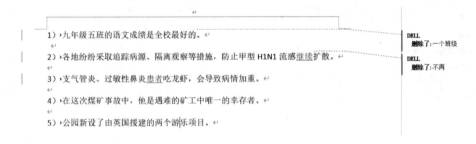

图 1-62　修订后文档

3．添加批注

（1）添加批注：单击拖动选中第 4 句文字，单击"审阅"选项卡"批注"组中的"新建批注"按钮，为句子添加批注"前后矛盾"，如图 1-63 所示。

图 1-63　添加批注

（2）设置批注格式：单击"审阅"选项卡"修订"组对话框启动器按钮，在弹出的"修订选项"对话框中单击下方"高级选项"按钮，弹出"高级修订选项"对话框，设置"批注"颜色为"青绿"，"批注框"的"指定宽度"为"6.5 厘米"，如图 1-64 所示，单击"确定"按钮返回"修订选项"对话框，再单击"确定"按钮关闭对话框。

（3）单击"审阅"选项卡"修订"组中的"修订"按钮，关闭修订功能。

4．插入文档部件

（1）构建文档部件：打开素材"文档部件.docx"，通过【Ctrl+A】组合键选中所有文字，单击"插入"选项卡"文本"组中的"文档部件"按钮，选择"将所选内容保存到文档部件库"命令，打开"新建构建基块"对话框，设置"名称"为"病句种类"，如图 1-65 所示，单击"确定"按钮完成文档部件的构建；关闭素材文件。

图 1-64 批注格式设置对话框   图 1-65 "文档部件"构建设置窗口

（2）插入文档部件：在"合并文件.docx"中，将光标定位在文末（通过【Enter】键换行，并删除自动更新的段落编号），单击"插入"选项卡"文本"组中的"文档部件"按钮，可以看到刚才插入的"病句种类"文档部件，单击该文档部件，其自动插入至文档中。

（3）保存"合并文件.docx"。

【实训 1-10】

涉及的知识点

段落设置、首字下沉、新建多级列表及应用、插入题注及交叉引用、插入目录、插入图目录、插入封面。

操作要求

（1）打开素材"实训 1-10.docx"，将正文中所有段落设置首行缩进 2 字符、1.25 倍行距。

（2）设置"注：……保存操作。"该段首字下沉 2 行、距离正文 1 厘米。

（3）新建多级列表，具体设置如下：

① 一级：编号格式为："一、"，"二、"，"三、"…楷体，一号，加粗，

居中对齐，1.5 倍行距，段前间距 15 磅，段后间距 15 磅，为文字添加红色阴影边框，对齐位置 0 厘米，缩进位置 0 厘米，链接样式标题 1。

② 二级：编号格式为："1.","2.","3."…楷体，小二号，加粗，左对齐，对齐位置 0.75 厘米，缩进位置 0 厘米，链接样式标题 2。

③ 三级：编号格式为：（1），（2），（3）…楷体，三号，加粗，左对齐，对齐位置 0.75 厘米，缩进位置 0 厘米，链接样式标题 3。

（4）应用多级样式列表，黄色底纹处设置一级列表，紫色底纹处设置二级列表，绿色底纹处设置三级列表。

（5）为文中所有图片插入题注，并为红色文字插入对应图片的交叉引用，图片居中。

（6）在文档第一页创建"古典"目录，显示级别为 3。

（7）在文档第二页创建"简单"图目录。

（8）为文档添加"奥斯汀"封面，设置标题为"Word"，副标题为"Office"，作者为"某某某"，删除摘要。

样张（见图 1-66～图 1-69）

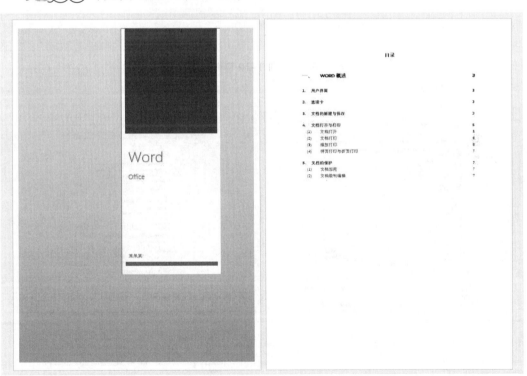

图 1-66　实训 1-10 样张（1）

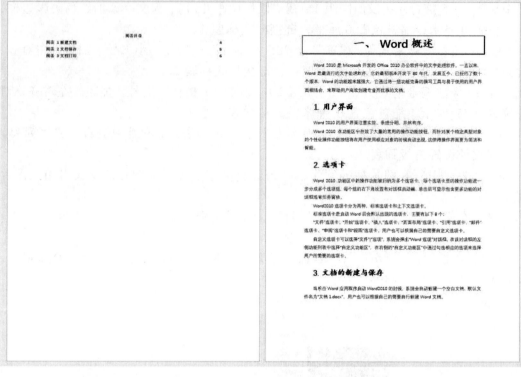

图 1-67　实训 1-10 样张（2）

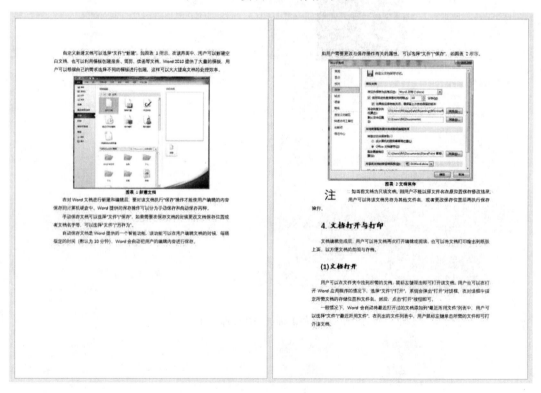

图 1-68　实训 1-10 样张（3）

图 1-69 实训 1-10 样张（4）

操作步骤

1. 段落设置

打开素材"实训 1-10.docx"，通过【Ctrl+A】组合键选中全文，单击"开始"选项卡"段落"组对话框按钮显示"段落"对话框，如图 1-70 所示设置，在"缩进"选项区域，"特殊格式"设置为"首行"、"缩进值"为"2 字符"；在"间距"选项区域，"行距"设置为"多倍行距"，"设置值"为"1.25"，单击"确定"按钮完成段落设置。

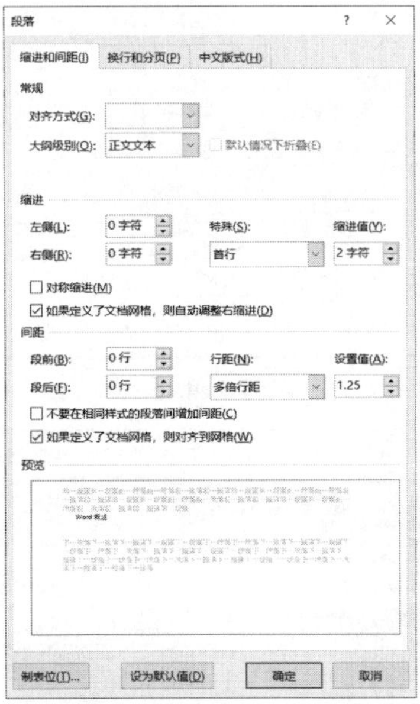

图 1-70 "段落"对话框

2．设置首字下沉

（1）单击"开始"选项卡"编辑"组中的"查找"按钮，在打开的"导航"窗格中搜索关键字"保存操作"，在搜索结果中选择第3个结果，快速定位至指定段落，关闭"导航"窗格。

（2）设置首字下沉：将光标定位在该段落任意位置，单击"插入"选项卡"文本"组"首字下沉"按钮，在下拉列表中单击"首字下沉选项"命令，弹出"首字下沉"对话框，设置"位置"为"下沉"，设置"下沉行数"为"2"，"距正文"为"1 厘米"，如图 1-71 所示，单击"确定"按钮。

图 1-71 "首字下沉"对话框

3．新建多级列表

（1）样式标题设置：右击"开始"选项卡"样式"组样式列表中的"标题 1"样式，选择"修改"选项，在弹出的"修改样式"对话框中设置样式的字体为"楷体"、字号为"一号"、加粗、居中对齐；单击下方"格式"按钮，选择"段落"选项，弹出"段落"对话框，设置间距下的"行距"为"1.5 倍行距"、"段前"为"15 磅"、"段后"为"15 磅"，单击"确定"按钮完成段落设置；单击"格式"按钮选择"边框"选项，弹出"边框与底纹"对话框，在"边框"选项卡中设置边框为"阴影"、颜色为红色、应用于"段落"，单击"确定"按钮完成边框设置；如图 1-72 所示，单击"确定"按钮完成标题 1 样式的设置；"标题 2"、"标题 3"样式设置步骤相似（注意，若样式列表中样式显示不全，可单击"样式"组对话框启动器按钮，打开"样式窗格"任务窗格，单击"选项"按钮，在弹出的"样式窗格选项"中设置"选择要显示的样式"为"所有样式"，可在"样式窗格"中调出所有样式列表并进行相应修改）。

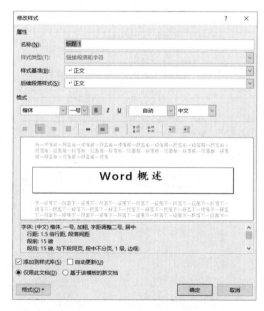

图 1-72 标题 1 样式修改对话框

（2）新建多级列表：将光标定位在文首"Word 概述"处，单击"开始"选项卡"段落"组中的"多级列表"按钮，选择"定义新的多级列表"命令，在弹出的"定义新多级列表"对话框中单击下方"更多>>"按钮，选择要修改的级别为"1"，设置"将级别链接到样式"为"标题 1"，设置"此级别的编号样式"为"一,二,三（简）..."，"输入编号的格式"为"一、"，设置"对齐位置"为"0 厘米"、"文本缩进位置"为"0 厘米"，如图 1-73 所示；2 级及 3 级列表设置步骤相似，设置完成后，单击"确定"按钮完成多级列表设置（注意，设置子级别编号格式时，需要将上级别的编号删去，使用当前级别的编号进行设置），如图 1-74 和图 1-75 所示。

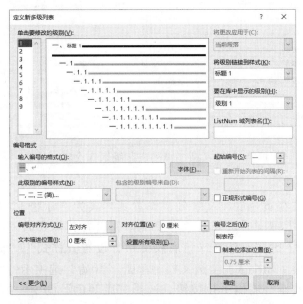

图 1-73 "定义新多级列表"级别 1 设置对话框

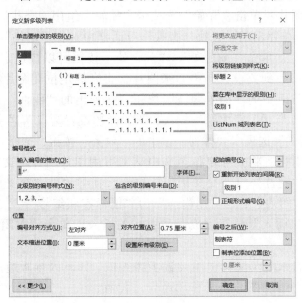

图 1-74 "定义新多级列表"级别 2 设置对话框

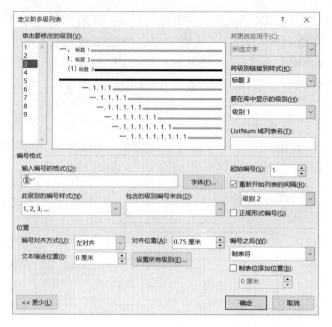

图 1-75 "定义新多级列表"级别 3 设置对话框

4．应用多级列表

（1）将鼠标定位在黄色底纹文字处，设置其样式为"标题 1"样式。

（2）按住【Ctrl】键同时选择紫色底纹文字，设置其样式为"标题 2"样式。

（3）按住【Ctrl】键同时选择绿色底纹文字，设置其样式为"标题 3"样式。

（4）通过快捷键【Ctrl+A】全选文档，单击"开始"选项卡"字体"组中的"以不同颜色突出显示文本"右侧下拉按钮，选择"无颜色"命令。

5．插入题注及交叉引用

（1）快速定位图片：单击"开始"选项卡"编辑"组中"查找"右侧的下拉按钮，选择"转到"选项，在弹出的"查找与替换"对话框中选择"定位"选项卡，设置"定位目标"为"图形"，单击"前一处""下一处"按钮可以快速定位图片。

（2）插入题注：找到要设置的第一张图片，将光标定位在图片标题前，单击"引用"选项卡"题注"组中的"插入题注"按钮，在弹出的"题注"对话框中单击"确定"按钮，如图 1-76 所示，完成题注插入；图表标题设置为段落居中对齐；单击图片，单击"图片工具-格式"选项卡"排列"组中的"对齐"按钮，选择"水平居中"选项。

（3）插入交叉引用：将光标定位至文中交叉引用图片的红色文字"如"后侧，单击"引用"选项卡"题注"组"交叉引用"按钮，在弹出的"交叉引用"对话框中设置"引用类型"为"图表"，"引用内容"为"仅标签和编号"，"引用哪一个题注"为对应图片，单击"插入"按钮完成交叉引用的插入，单击"关闭"按钮关闭窗口，如图 1-77 所示。

（4）其他图片的题注及交叉引用设置步骤类似，如有因排版造成的图片位置偏移的情况，可通过单击拖动图片将其移动至合适位置。

图 1-76 "题注"设置对话框   图 1-77 "交叉引用"设置对话框

6. 在第一页创建目录

（1）将光标定位在页首，单击"插入"选项卡"页面"组中的"分页"按钮，插入分页。

（2）将光标定位在页首，单击"引用"选项卡"目录"组中的"目录"按钮，选择"自定义目录"选项，弹出"目录"设置对话框，如图 1-78 所示，设置"格式"为"古典"，"显示级别"为"3"，单击"确定"按钮完成目录设置；为目录添加标题"目录"，如图 1-79 所示。

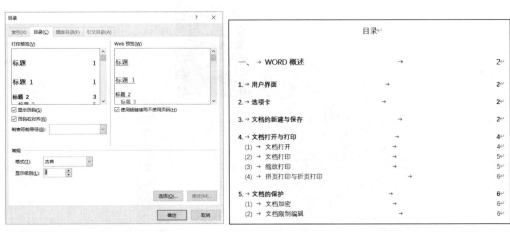

图 1-78 "目录"设置对话框   图 1-79 目录设置

7. 插入图目录

（1）插入新页：将光标定位在第一页最后端，单击"插入"选项卡"页面"组中的"分页"按钮插入分页。

（2）插入图目录：将光标定位在第二页页首，单击"引用"选项卡"题注"组中的"插入表目录"按钮，在弹出的"图表目录"设置对话框中设置"格式"为"简单"，"题注标签"为"图表"，如图 1-80 所示，单击"确定"按钮完成图目录设置；为图目录添加标题"图表目录"，如图 1-81 所示。

图 1-80 "图表目录"设置对话框　　　　图 1-81　图表目录设置

8. 插入封面

（1）单击"插入"选项卡"页面"组中的"封面"按钮，选择"奥斯汀"封面，设置文档标题为"Word"，文档副标题为"Office"，作者为"某某某"，单击"摘要"部分按【Delete】键删除，如图 1-82 所示。

图 1-82　封面设置

（2）保存文档。

1.2 综合练习

【综合练习 1-1】

涉及的知识点

插入艺术字、段落设置、项目符号、插入剪贴画、插入表格、表格设置。

操作要求

（1）将标题"再试一次"设置为艺术字（样式为第 3 行第 4 列，"填充：白色；边框：红色，主题色 2；清晰阴影：红色，主题色 2"），文字垂直排列；设置艺术字形状样式为"彩色轮廓–红色，强调颜色 2"，如样张所示进行图文混排。

（2）设置左右页边距为 2.5 厘米，将正文中第 1、2 段首行缩进 2 字符，段后间距为 0.5 行，1.5 倍行距。

（3）为所有以"也许"为开始的段落添加项目符号"✿"，符号格式设置为：红色、加粗、三号。

（4）插入素材图片"再试一次.jpg"，设置图片高度为 5 厘米、宽度为 4 厘米，文字环绕方式为"四周型"，按样张进行图文混排，并为图片加蓝色、3 磅双线边框，以及"半映像，接触"的映像方式。

（5）将最后 4 行文本转换成如样张所示的表格，合并第一行单元格，为表格套用样式"网格表 4–着色 2"；设置表格行高为 1 厘米，列宽为 3.5 厘米，表格内所有单元格内容水平垂直居中，表格水平居中。

样张（见图 1-83）

图 1-83 综合练习 1-1 样张

参考步骤

（1）第（1）题艺术字标题文字垂直排列：单击"绘图工具–格式"选项卡下"文本"组中的"文本方向"按钮设置。

（2）第（3）题设置项目符号格式：如图 1-84 所示，在"定义新项目符号"对话框中，单击"符号"按钮并在"Windings"字体中选择对应的符号（字符代码为 89），单击"字体"按钮设置项目符号字体。

（3）第（4）题设置图片大小时应在图片属性"布局"对话框"大小"选项卡中取消"锁定纵横比"复选框，图片边框通过单击"图片工具–格式"选项卡下"图片样式"组的"图片边框"按钮进行设置，图片映像方式通过单击"图片工具–格式"选项卡下"图片样式"组的"图片效果"按钮进行设置。

（4）第（5）题设置列宽：因表格存在合并单元格，在设置单元格列宽时可打开"表格属性"对话框（见图 1-85），在"列"选项卡内进行宽度设置；若直接通过"表格工具–布局"选项卡"单元格大小"组的"列宽"文本框设置，可能会影响表格的布局，可以配合鼠标单击拖动单元格边框手动调整列宽。

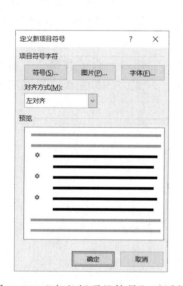

图 1-84 "定义新项目符号"对话框

图 1-85 "表格属性"对话框

【综合练习 1-2】

涉及的知识点

文本的基本编辑、查找和替换、文字格式的设置、边框和底纹、文档与表格转换、表格的格式设置、插入图片、图片格式设置、插入文本框、文本框格式设置。

操作要求

（1）在文本的最上方新插入 1 行，输入文字"环境污染"作为标题，设置文字为

“标题”样式，并添加如样张所示的蓝色、0.75 磅的双曲线框线；设置第 1 ~ 2 段文字为首行缩进 2 个字符，1.5 倍行距。

（2）插入图片文件“烟囱.jpg”，大小变为原来的 50%，实现“四周型”的环绕文字方式，为图片添加“顶部聚光灯-个性色 5”渐变边框线（大小为 5 磅），位置如图 1-86 所示。

（3）设置 1 ~ 8 段文字中的“污染”格式为加着重号、蓝色、红色双曲线下画线。

（4）为第 3 ~ 8 段文字添加横排文本框，文本框内文字的行距为固定值 20 磅，并为文本框添加“强烈效果-橙色，强调颜色 6”的形状样式，“发光：11 磅；红色，主题色 2”的发光形状效果，文本框居中，适当调整文本框的位置。

（5）将文字“分类”居中显示，设置为华文新魏、三号字体。

（6）将“分类”后的文字转换成 4 行 7 列的表格，设置根据内容自动调整表格大小、单元格内所有内容水平和垂直居中；设置表格外边框为 1.5 磅的红色单实线、内边框为 0.75 磅的黑色单实线，第 1 列单元格填充“红色，个性色 2，淡色 60%”的底纹，如样张所示。

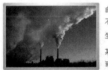

样张（见图 1-86）

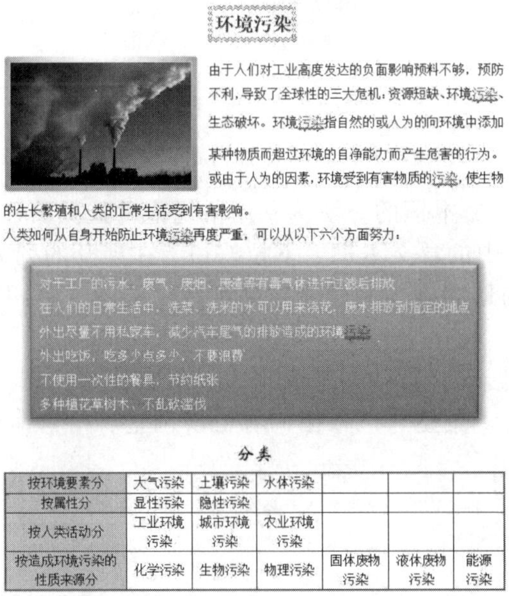

环境污染

由于人们对工业高度发达的负面影响预料不够，预防不利，导致了全球性的三大危机：资源短缺、环境污染、生态破坏。环境污染指自然的或人为的向环境中添加某种物质而超过环境的自净能力而产生危害的行为。或由于人为的因素，环境受到有害物质的污染，使生物的生长繁殖和人类的正常生活受到有害影响。

人类如何从自身开始防止环境污染再度严重，可以从以下六个方面努力：

对于工厂的污水、废气、废烟、废渣等有毒气体进行过滤后排放

在人们的日常生活中，洗菜、洗米的水可以用来浇花，废水排放到指定的地点

外出尽量不用私家车，减少汽车尾气的排放造成的环境污染

外出吃饭，吃多少点多少，不要浪费

不使用一次性的餐具，节约纸张

多种植花草树木、不乱砍滥伐

分类

按环境要素分	大气污染	土壤污染	水体污染			
按属性分	显性污染	隐性污染				
按人类活动分	工业环境污染	城市环境污染	农业环境污染			
按造成环境污染的性质来源分	化学污染	生物污染	物理污染	固体废物污染	液体废物污染	能源污染

图 1-86　综合练习 1-2 样张

参考步骤

（1）第（2）题设置图片边框：右击图片，在弹出的快捷菜单中选择“设置图片格式”命令，弹出“设置图片格式”任务窗格，单击“填充与线条”按钮，如图 1-87 所示，设置“线条”为“渐变线”，“预设渐变”为“顶部聚光灯-个性色 5”，在“宽度”中设置线条宽度为“5 磅”，关闭设置窗格。

图 1-87 "设置图片格式"任务窗格

（2）第（4）题插入文本框的方法为：用鼠标拖动选择第 3～8 段文字，单击"插入"选项卡"文本"组中的"文本框"下拉按钮，在展开的列表中选择"绘制横排文本框"选项，文本框的形状样式和发光效果都在"绘图工具-格式"选项卡"形状样式"组中设置。

（3）第（6）题根据内容自动调整表格大小的方法为：选中表格并右击，在弹出的快捷菜单中选择"自动调整""根据内容自动调整表格"命令。

【综合练习 1-3】

涉及的知识点

文本格式的设置、段落的设置、页面设置、分栏、表格的格式设置、表格内容的编辑、表格内容的排序、插入页眉、插入艺术字、插入图片、图片格式设置。

操作要求

（1）插入页眉，位置居中，内容为"国家一级保护动物"，字体为楷体、小四、紫色，设置页面页边距为：上 1.5 厘米，下 1.5 厘米，左 2.5 厘米，右 2.5 厘米。

（2）插入艺术字"大熊猫"，艺术字样式为"渐变填充：紫色，主题色 4；边框：紫色，主题色 4"（第 2 行的第 3 列），字体为华文琥珀、48 磅，文本框大小为高 3

厘米、宽 5.6 厘米，图文混排为"上下型环绕"，设置艺术字的发光效果为"发光：8 磅；橙色，主题色 6"，艺术字居中显示，如图 1-88 所示。

（3）将正文中的"大熊猫"文字格式设置为红色、突出显示（黄色）、加着重号。

（4）如样张所示，插入图片"大熊猫.jpg"，大小为 30%，环绕文字方式为"紧密型环绕"，并对图片应用"中等复杂框架，白色"的图片样式；将最后一段分成两栏，第 1 栏栏宽 10 个字符、栏间距 2 个字符、加分隔线。

（5）在正文最后的表格上方新插入一行，并调整成如样张所示的样式，所有单元格内容居中显示；为第 1～2 行单元格添加浅绿、样式为 12.5% 的图案底纹；将所有动物按保护级别排序，Ⅰ级保护动物在最上方。

样张（见图 1-88）

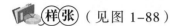

食肉目（中文名）	CARNIVORA（学名）	保护级别	
		Ⅰ级	Ⅱ级
马来熊	Helarctos malayanus	Ⅰ	
大熊猫	Ailuropoda melanoleuca	Ⅰ	
紫貂	Martes zibellina	Ⅰ	
貂熊	Gulo gulo	Ⅰ	
豺	Cuon alpinus		Ⅱ
黑熊	Selenarctos thibetanus		Ⅱ
棕熊	Ursus arctos		Ⅱ
小熊猫	Ailurus fulgens		Ⅱ
石貂	Martes foina		Ⅱ
黄喉貂	Martes flavigula		Ⅱ
*水獭（所有种）	Lutra spp.		Ⅱ

图 1-88 综合练习 1-3 样张

参考步骤

（1）第（2）题艺术字发光效果在"绘图工具-格式"选项卡"艺术字样式"组设置。

（2）第（4）题分栏：设置栏宽时需取消选择"栏宽相等"复选框。

（3）第（5）题表格的设置：

① 新插入一行：右击表格第 1 行的任意单元格，在弹出的快捷菜单中选择"插入""在上方插入行"命令，按样张适当合并单元格、输入文字。

② 排序：选中第 3～13 行的单元格，单击"表格工具–布局"选项卡"数据"组中的"排序"按钮，弹出"排序"对话框，设置"主要关键字"为"列 3"，类型为"笔划"，"降序"排列，如图 1-89 所示。

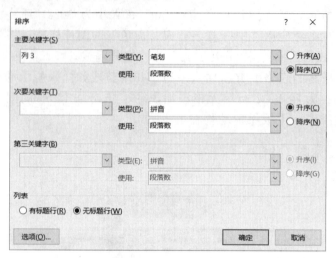

图 1-89 "排序"对话框

【综合练习 1-4】

涉及的知识点

文档和段落排版、查找和替换、页面设置、多级列表及应用、首字下沉、插入目录、插入页眉、插入页码、文本转换为表格、表格样式设置、应用主题。

操作要求

（1）将文档中的所有字母变为大写字母。

（2）调整纸张大小为 B5，页边距的左边距为 2 厘米，右边距为 2 厘米，装订线 1 厘米，对称页边距。

（3）对文档中标有一级标题、二级标题及三级标题的文字分别设置对应级别的标题。

（4）将正文部分内容设为四号字，每个段落设为首行缩进 2 个字符、1.2 倍行距。

（5）将正文第一段落的首字"保"下沉 2 行。

（6）文档的开始位置插入只显示 1 级和 2 级标题的目录，并用分节方式令其独占一页，如图 1-90 所示。

（7）文档除目录页外均显示页码，正文开始为第 1 页，奇数页码显示在文档的底部靠右，偶数页码显示在文档的底部靠左；文档偶数页加入页眉，页眉中显示文档标题"我国保险服务价格指数编制方法研究"，奇数页页眉没有内容，如图 1-91 所示。

（8）将文档红色文字转换为表格，为其套用适当的表格样式，如图 1-92 所示。

（9）为文档应用一种合适的主题。

样张（见图 1-90 ~ 图 1-92）

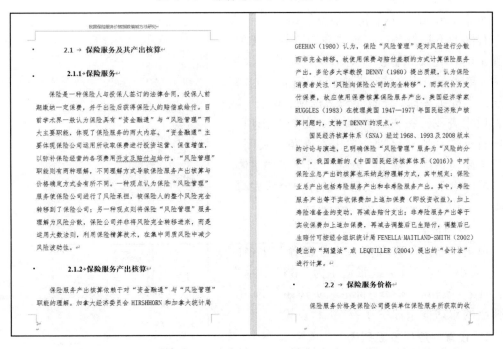

图 1-90　综合练习 1-4 样张（1）

图 1-91　综合练习 1-4 样张（2）

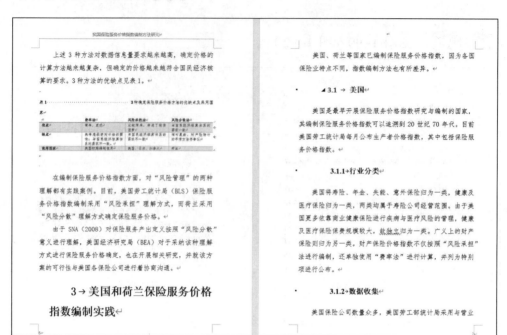

图 1-92　综合练习 1-4 样张（3）

参考步骤

1. 字母格式调整

单击"开始"选项卡"编辑"组中的"查找"右侧的下拉按钮，选择"高级查找"选项，在弹出的"查找和替换"对话框"查找"选项卡中，单击下方"更多>>"按钮，单击下方"特殊格式"按钮选择"任意字母"选项，单击"在以下项中查找"按钮，选择"主文档"选项，系统自动选择所有字母，单击右上角"关闭"按钮关闭对话框；单击"开始"选项卡"字体"组中的"更改大小写"按钮，选择"全部大写"选项，文中所有字母变为大写字母。

2. 页面设置

单击"布局"选项卡"页面设置"组中的"纸张大小"按钮设置纸张大小为"B5"，单击"页边距"按钮，选择"自定义页边距"选项，在弹出的对话框中如图 1-93 所示设置。

3. 设置并应用多级列表

（1）查找"一级标题"文字：单击"开始"选项卡"编辑"组中的"查找"右侧的下拉按钮，选择"高级查找"选项，在弹出的"查找

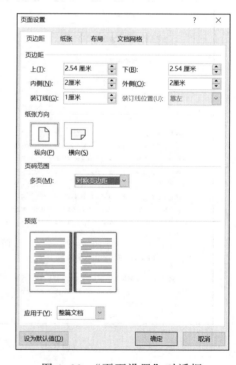

图 1-93　"页面设置"对话框

和替换"对话框"查找"选项卡中设置"查找内容"为"（一级标题）"，单击"在以下项中查找"按钮，选择"主文档"选项，找到文中的 5 个一级标题，关闭对话框；单击"开始"选项卡"段落"组中的"多级列表"按钮，选择如图 1-94 所示样式，5 个标题自动套用第一级列表样式；单击"开始"选项卡"编辑"组中的"替换"按钮，在弹出的"查找和替换"对话框"替换"选项卡中设置"查找内容"为"（一级标题）"，"替换为"为空，单击"全部替换"按钮，并搜索文档其余部分进行替换，删除 5 处"（一级标题）"文字，关闭对话框。

图 1-94 多级列表样式

（2）对二级标题和三级标题用同样方式进行多级列表样式的套用，并删除原标识文字（注意：二级标题和三级标题在套用多级列表后，需要单击"开始"选项卡"段落"组中的"多级列表"右侧的下拉按钮，分别设置"更改列表级别"为"2级"和"3级"）。

4. 修改正文样式

右击"开始"选项卡"样式"组中的"快速样式列表"中"正文"样式，修改字体为四号字，段落格式为首行缩进 2 个字符、1.2 倍行距。

5. 首字下沉

单击"插入"选项卡"文本"组中的"首字下沉"按钮进行设置。

6. 插入目录

（1）插入分节符：将光标定位在页首，单击"布局"选项卡"页面设置"组中的"分隔符"按钮，选择"下一页"的分节符。

（2）插入目录：将光标定位在页首的新空页上，单击"引用"选项卡"目录"组中的"目录"按钮，选择"自定义目录"选项，在弹出的"目录"设置对话框中设置"显示级别"为"2"，单击"确定"按钮插入目录。

7. 插入页码和页眉

（1）插入页码：将光标定位在正文第一页，单击"插入"选项卡"页眉和页脚"组中的"页码"按钮，选择"页面底端"|"普通数字 3"样式页码；单击"页眉与页脚工具–设计"选项卡"导航"组中的"链接到前一节"按钮，取消链接；删除目录页下方的页码；回到正文第一页页脚处，单击"页眉和页脚工具–设计"选项卡"页眉和页脚"组中的"页码"按钮，选择"设置页码格式"，设置"页码编号"为"起始页码"，页码值为"1"，如图 1-95 所示；将光标定位至正文第二页页脚处，单击"页眉和页脚工具–设计"选项卡"选项"组，勾选"奇偶页不同"复选框，删除出现的自动页脚内容，单击"页眉和页脚"组中的"页码"按钮，选择"页面底端"|"普通数字 1"格式。

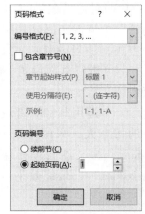

图 1-95 "页码格式"
设置对话框

（2）插入页眉：将光标定位在正文任意偶数页的页眉处，删除原文字，输入"我国保险服务价格指数编制方法研究"文字。

（3）双击正文区域恢复文档编辑状态。

8. 文本转换为表格

选中红色文字，单击"插入"选项卡"表格"组中的"表格"按钮，选择"文本转换成表格"选项，在弹出的对话框中单击"确定"按钮完成文本转成表格；单击"表格工具–设计"选项卡"表格样式"中的快速样式，为表格套用样式。

9. 应用主题

单击"设计"选项卡"文档格式"组中的"主题"按钮，为文档选择应用一种主题。

【综合练习 1-5】

涉及的知识点

文档和段落排版、插入图片、页面设置、邮件合并。

操作要求

陈丽是江海公司的董事长秘书。新年将至，公司定于 2020 年 2 月 15 日 18:00，在办公大楼三层多功能厅举办新年酒会，员工名单保存在名为"员工名单.xlsx"的 Excel 文档中。

根据上述内容制作邀请函，具体要求如下：

（1）制作一份邀请函，以"董事长：汪勤"名义发出邀请，请柬中需要包含标题、收件人姓名和称谓、酒会地点、时间和邀请人。

（2）将邀请函调整为横向排版，添加合适的背景（图片自选），调整其大小及位置。

（3）对邀请函进行适当的排版，具体要求：改变字体、加大字号，且标题部分（"邀请函"）与正文部分采用不相同的字体和字号；加大行间距和段间距；改变段落的对齐方式，适当设置左右及首行缩进，以美观且符合中国人阅读习惯为准。

（4）进行页面设置，适当调整页边距；在文档左下方插入新春祝福"新春愉快 阖家团圆"。

（5）运用邮件合并功能制作内容相同、收件人不同（收件人为"员工名单.xlsx"中的每个人，采用导入方式）的多份邀请函，要求先将邮件合并主文档以"邀请函 1.docx"为文件名进行保存，所有记录合并后生成可以单独编辑的单个文档"邀请函 2.docx"，最终效果如图 1-96 所示。

样张（见图 1-96）

图 1-96 综合练习 1-5 样张

 **参考步骤**

1. 输入邀请函

打开素材"综合练习 1-5.docx"，通过【Enter】键在文首插入新行，输入文字"邀请函"，将"****公司"改为"江海"公司，在文档最下方添加文字"董事长：汪勤"，地点为"办公大楼三层多功能厅"，时间为"2020 年 2 月 15 日 18:00"。

2. 页面、图片排版

（1）横向排版：单击"布局"选项卡"页面设置"组中的"纸张方向"按钮，设置纸张方向为"横向"。

（2）插入背景图片：单击"插入"选项卡"插图"组中的"图片"按钮，插入素材图片"背景.jpg"，设置图片的环绕方式为"衬于文字下方"，通过鼠标单击拖动图片四周的控点，将图片大小调整为平铺于整个纸张（如后续操作使图片位置移动，可用同样方式再调整图片位置和大小）。

3. 标题、正文排版

（1）标题设置：将标题设置为艺术字"填充：黑色，文本色 1；边框：白色，背景 1；清晰阴影：蓝色，主题色 5"，在"绘图工具–格式"选项卡"艺术字样式"组中设置文本填充色为"橙色，个性色 2"，文字环绕方式为"上下型环绕"，文本水平居中；选中标题文字，单击"开始"选项卡"字体"组对话框启动器按钮，在弹出的"字体"对话框中选择"高级"选项卡，如图 1-97 所示，设置"字符间距"选项区域的"间距"为"加宽"，"磅值"为"10 磅"。

（2）正文设置排版：将除标题外的文字设置为华文行楷、四号，地点和时间文字为仿宋、小四，段落左右缩进各为 2 字符，段前和段后间距为 0.5 行，行距为 1.5 倍行距；删除所有空行，使文档排版在一页中；设置信函正文部分首行缩进 2 字符。

图 1-97 "字体"设置对话框

4．页面设置

（1）页边距：设置页边距为"宽"的页边距。

（2）插入艺术字：文本为"新春愉快 阖家团圆"，调整文本位置。

5．邮件合并

（1）插入数据源：单击"邮件"选项卡"开始邮件合并"组中的"选择收件人"按钮，添加数据源为"员工名单.xlsx"。

（2）插入收件人名单：删除原"*******"文字，单击"邮件"选项卡"编写和插入域"组中的"插入合并域"|"姓名"命令，插入员工姓名。

（3）插入称谓：删除原"小姐/先生"文字，单击"邮件"选项卡"编写和插入域"组中的"规则"按钮，选择"如果…那么…否则…"选项，弹出对话框，如图 1-98 所示进行设置，插入称谓；使用格式刷功能，使称谓字体与其他文本字体统一。

图 1-98 "插入 Word 域：如果"设置对话框

（4）预览文档：单击"邮件"选项卡"预览结果"组中的"预览结果"按钮进行预览，可以通过单击"上一记录"、"下一记录"按钮进行切换。

（5）保存该文档为主文档"邀请函 1.docx"。

（6）保存合并文档：单击"邮件"选项卡"完成"组中的"完成并合并"按钮，选择"编辑单个文档"按钮，"合并记录"为"全部"，将新生成的合并文档保存为"邀请函 2.docx"。

【综合练习 1-6】

涉及的知识点

插入封面、页面设置、样式的修改与应用、多级列表及应用、表格样式设置、插入题注及交叉引用、插入分节符、插入目录、插入奇偶页不同的页码。

操作要求

某出版社的编辑小王手中有一篇有关住房服务比较方法的书稿"2017 年轮国际比较项目住房服务比较方法及其对中国的影响.docx"[①]，打开该文档，按下列要求帮助小王对书稿进行排版操作并按原文件名进行保存：

（1）添加封面，将素材"封面.jpg"设置为封面背景，封面标题为文稿标题，如图 1-99 所示。

（2）按下列要求进行页面设置：纸张大小 A4，上边距 3 厘米、下边距 2.5 厘米，内侧边距 3 厘米、外侧边距 2.5 厘米，装订线 1 厘米，页脚距边界 2 厘米。

（3）修改"正文"样式，使文档首行缩进、段前和段后间距各为 0.5 行，如图 1-100 所示。

（4）书稿中包含三个级别的标题，分别用绿色、蓝色和粉色标出；对书稿应用样式、多级列表并对样式格式进行相应修改。

（5）书稿中有一张表格，在表格上方说明文字左侧添加形如"表 1-1"的题注，其中连字符"–"前面的数字代表章号、"–"后面的数字代表图表的序号；将样式"题注"的格式修改为楷体、小五号字、居中。

（6）在书稿中用红色标出的文字为表格设置自动引用其题注号；为表格套用一个合适的表格样式、保证表格第 1 行在跨页时能够自动重复，且表格上方的题注与表格总在一页上，如图 1-101 所示。

（7）在封面后插入目录，要求包含标题第 1～3 级及对应页号；目录、书稿的每一章均为独立的一节，每一节的页码均以奇数页为起始页码。

（8）目录与书稿的页码分别独立编排，目录页码使用大写罗马数字（Ⅰ，Ⅱ，Ⅲ…），书稿页码使用阿拉伯数字（1，2，3…）且各章节间连续编码；要求奇数页页码显示在页脚右侧，偶数页页码显示在页脚左侧。

---

① 素材来源于国家统计局官网

样张（见图 1-99 ~ 图 1-101）

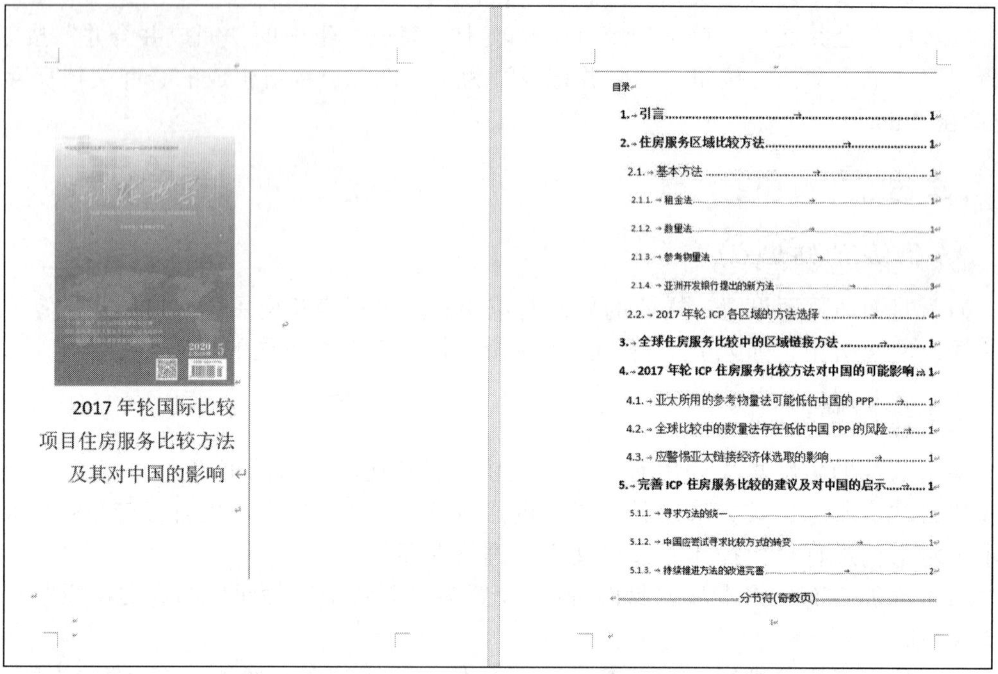

2017 年轮国际比较项目住房服务比较方法及其对中国的影响

目录

分节符(奇数页)

图 1-99　综合练习 1-6 样张（1）

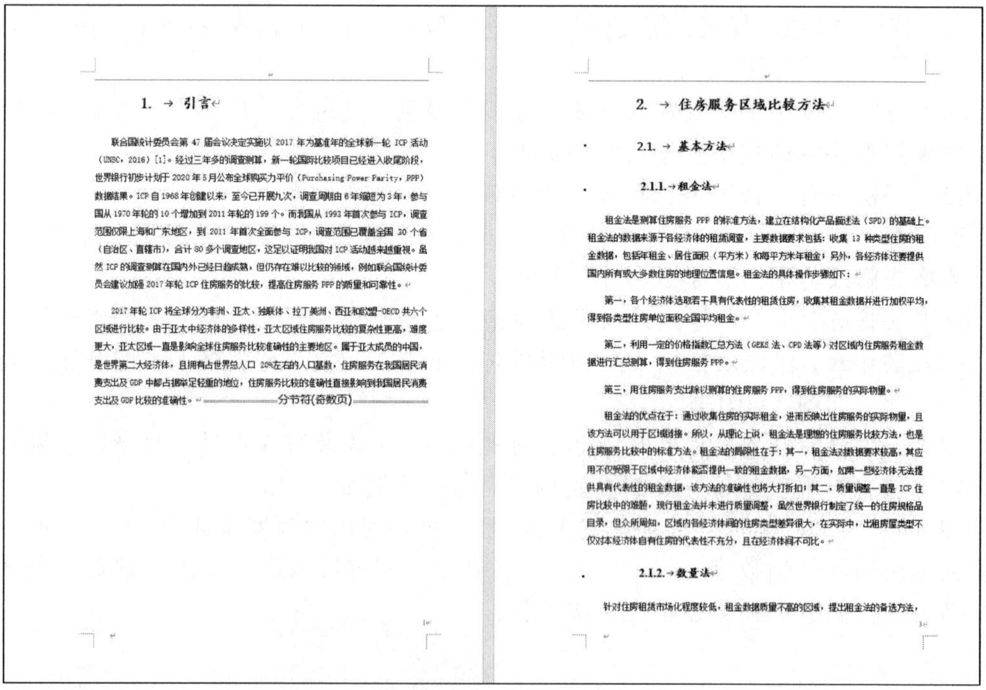

1. 引言

联合国统计委员会第 47 届会议决定实施以 2017 年为基准年的全球新一轮 ICP 活动（UNSC，2016）[1]。经过三年多的调查测算，新一轮国际比较项目已经进入收尾阶段，世界银行初步计划于 2020 年 5 月公布全球购买力平价（Purchasing Power Parity，PPP）数据结果。ICP 自 1968 年创建以来，至今已开展九次，调查周期由 6 年缩短为 3 年，参与国从 1970 年轮的 10 个增加到 2011 年轮的 199 个。而我国从 1993 年首次参与 ICP，调查范围仅限上海和广东地区，到 2011 年首次全面参与 ICP，调查范围已覆盖全国 30 个省（自治区、直辖市），合计 80 多个调查地区，这足以证明我国对 ICP 活动越来越重视。虽然 ICP 的调查测算在国内外已经日趋成熟，但仍存在难以比较的领域，例如联合国统计委员会建议加强 2017 年轮 ICP 住房服务的比较，提高住房服务 PPP 的质量和可靠性。

2017 年轮 ICP 将全球分为非洲、亚太、独联体、拉丁美洲、西亚和欧盟-OECD 共六个区域进行比较。由于亚太中经济体的多样性，亚太区域住房服务比较的复杂性更高，难度更大，亚太区域一直是影响全球住房服务比较准确性的主要地区。属于亚太成员的中国，是世界第二大经济体，且拥有占世界总人口 20%左右的人口基数，住房服务在我国居民消费支出及 GDP 中都占据举足轻重的地位，住房服务比较的准确性直接影响到我国居民消费支出及 GDP 比较的准确性。分节符(奇数页)

2. 住房服务区域比较方法

2.1. 基本方法

2.1.1. 租金法

租金法是测算住房服务 PPP 的标准方法，建立在结构化产品描述法（SPD）的基础上。租金法的数据来源于各经济体的租赁调查，主要数据要求包括：收集 13 种类型住房的租金数据，包括年租金、居住面积（平方米）和每平方米年租金；另外，各经济体还要提供国内所有或大多数住房的地理位置信息。租金法的具体操作步骤如下：

第一，各个经济体选取若干具有代表性的租赁住房，收集其租金数据并进行加权平均，得到各类型住房单位面积全国平均租金。

第二，利用一定的价格指数汇总方法（GEKS 法、CPD 法等）对区域内住房服务租金数据进行汇总测算，得到住房服务 PPP。

第三，用住房服务支出除以测算的住房服务 PPP，得到住房服务的实际物量。

租金法的优点在于：通过收集住房的实际租金，进而反映出住房服务的实际物量，且该方法可以用于区域链接。所以，从理论上说，租金法是理想的住房服务比较方法，也是住房服务比较中的标准方法。租金法的局限性在于：其一，租金法对数据要求较高，其应用不仅受限于区域中经济体能否提供一致的租金数据，另一方面，如果一些经济体无法提供具有代表性的租金数据，该方法的准确性也将大打折扣；其二，质量调整一直是 ICP 住房比较中的难题，现行租金法并未进行质量调整，虽然世界银行制定了统一的住房规格品目录，但众所周知，区域内各经济体间的住房类型差异很大，在实际中，出租房屋类型不仅对本经济体自有住房的代表性不充分，且在经济体间不可比。

2.1.2. 数量法

针对住房租赁市场化程度较低，租金数据质量不高的区域，提出租金法的备选方法，

图 1-100　综合练习 1-6 样张（2）

图 1-101　综合练习 1-6 样张（3）

参考步骤

1. 插入封面

（1）将光标定位在文档任意位置，单击"插入"选项卡"页面"组中的"封面"按钮，选择"积分"封面，将文首的标题剪切至"文档标题"处（粘贴方式为"只保留文本"），调整字号为小一。

（2）鼠标右击封面图片，在弹出的菜单中选择"更改图片"选项，更改图片为素材"封面.jpg"；删除封面上的其他内容。

2. 页面设置

（1）将光标定位在非封面的任意页面，单击"布局"选项卡"页面设置"组中的"纸张大小"按钮设置纸张大小。

（2）单击"布局"选项卡"页面设置"组中的"页边距"按钮，在弹出的下拉菜单中单击"自定义页边距"选项，在弹出的"页面设置"对话框"页边距"选项卡中，如图 1-102 所示设置对称页边距、上下边距、内外侧边距和装订线；在"布局"选项卡设置页脚"距边界"为"2 厘米"，如图 1-103 所示。

3. 修改样式

在"开始"选项卡"样式"组的"快速样式"中，右击"正文"样式进行修改，在弹出的快捷菜单中选择"修改样式"选项，弹出"修改样式"对话框，在对话框中单击"格式"|"段落"选项，在弹出的"段落"对话框"缩进和间距"选项卡中进行设置。

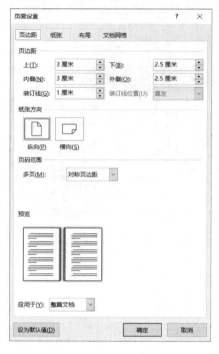

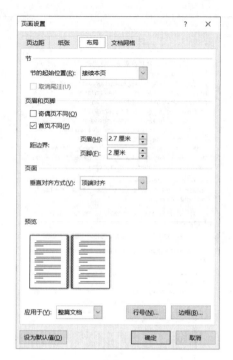

图 1-102 "页边距"设置选项卡　　　　图 1-103 "布局"设置选项卡

4．多级列表设置

（1）应用并修改多级列表：将光标定位在"引言"处，单击"开始"选项卡"段落"组中的"多级列表"按钮，选择如图 1-104 所示的内置多级列表样式，文字被应用为第一级别列表；单击"开始"选项卡"段落"组中的"多级列表"按钮，选择"定义新的多级列表"选项，在弹出的"定义新多级列表"对话框中，单击下方"更多>>"按钮，分别设置第 1、2、3 级列表的"将级别链接到样式"为"标题 1"、"标题 2"和"标题 3"，如图 1-105 所示。

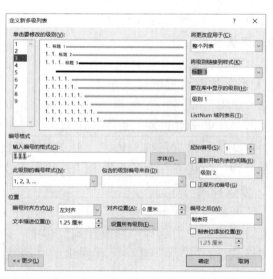

图 1-104 多级列表样式　　　　图 1-105 "定义新多级列表"设置对话框

（2）应用多级列表：鼠标拖动选择任意绿色文字，单击"开始"选项卡"编辑"组中的"选择"按钮，选择"选定所有格式类似的文本（无数据）"选项，如图 1-106 所示，所有绿色文本被同时选中；单击"开始"选项卡"样式"组中的"快速样式"中的"标

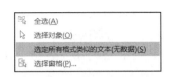

图 1-106 选择格式类似文本功能

题 1"样式，将样式与第 1 级别列表应用至绿色文字处；用同样方式对蓝色和粉色文字分别应用"标题 2"和"标题 3"样式。

（3）修改样式：在"开始"选项卡"样式"组中，右击"标题 1"样式进行修改，字体为楷体、小二；分别修改"标题 2"和"标题 3"样式字体为楷体小三、楷体四号。

5．题注

（1）插入题注：将光标定位在表标题左侧，使用"引用"|"题注"|"插入题注"功能插入题注，在弹出的"题注"对话框中单击"新建标签"按钮设置新标签"表"，单击"确定"按钮完成标签新建；单击"编号"按钮，弹出"题注编号"对话框，勾选"包含章节号"复选框，如图 1-107 所示，单击"确定"按钮完成设置。

（2）修改"题注"样式：在"开始"选项卡"样式"组中，右击"题注"样式进行修改。

6．交叉引用与表格设置

（1）交叉引用：鼠标拖动选中红色文字并通过【Delete】键删除，单击"引用"选项卡"题注"组中的"交叉引用"按钮，如图 1-108 所示，设置"引用类型"为"表"，"引用内容"为"仅标签和编号"。

图 1-107 "题注编号"设置对话框 　　　图 1-108 "交叉引用"设置对话框

（2）表格设置：将光标定位在表格任意位置，单击"表格工具-设计"选项卡"表格样式"组中的"快速样式"下拉按钮，选择"网格表 4-着色 1"样式；将光标定位在表格标题行任一单元格内，单击"表格工具-布局"选项卡"数据"组中的"重复标题行"按钮，如图 1-109 所示，使表格第一行在跨页时可以重复；鼠标拖动选择表

格题注与表格第一行，单击"开始"选项卡"段落"组对话框启动器按钮，在弹出的"段落"对话框中选择"换行和分页"选项卡，勾选"与下段同页"复选框，如图 1–110 所示，使表格题注与表格总在同一页上。

图 1–109 "重复标题行"设置　　　　图 1–110 "段落"设置对话框

7. 插入目录与页码

（1）插入分节符：将光标定位在"引言"前，单击"布局"选项卡"页面设置"组中的"分隔符"按钮，选择"奇数页"分节符，插入该分节符两次；将光标分别定位在其他第一级标题前，以同样方式插入分节符。

（2）插入目录：将光标定位在封面后的空页，单击"引用"选项卡"目录"组中的"目录"按钮，选择"自动目录 1"，插入目录；但因插入的目录自动套用"标题1"样式，导致正文标题编号错乱，为整个目录应用"正文"样式；单击目录上方"更新目录"按钮，如图 1–111 所示，在弹出的对话框中，勾选"更新整个目录"单选按钮，如图 1–112 所示，目录、编号及页码更新完成；将目录标题居中。

图 1–111 "更新目录"按钮　　　　图 1–112 "更新目录"设置

8．页码设置

（1）目录页码设置：将光标定位在目录页，单击"插入"选项卡"页眉和页脚"组中的"页码"按钮，选择"页面底端"|"普通数字 2"样式页码；单击"页眉和页脚工具–设计"选项卡"页眉和页脚"组中的"页码"按钮，选择"设置页码格式"选项，弹出"页码格式"对话框，如图 1–113 所示设置。

（2）书稿页码设置：将光标定位在书稿首页页脚处，单击"页眉和页脚工具–设计"选项卡"选项"组，取消勾选"首页不同"复选框，勾选"奇偶页不同"复选框；单击"页眉和页脚工具–设计"选项卡"页眉和页脚"组中的"页码"按钮，选择"页面底端"|"普通数字 3"样式页码，插入奇数页页码；将光标定位到下一节页面页脚处，单击"页眉和页脚工具–设计"选项卡"页眉和页脚"组中的"页码"按钮，选择"设置页码格式"选项，弹出"页码格式"对话框，如图 1–114 所示设置；将光标定位至下一个偶数页页脚处，单击"页眉和页脚工具–设计"选项卡"页眉和页脚"组中的"页码"按钮，选择"页面底端"|"普通数字 1"样式页码，插入偶数页页码。

（3）双击正文区域，恢复文档编辑状态，保存文档。

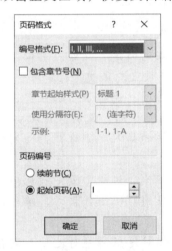

图 1–113 "页码格式"设置对话框　　图 1–114 "页码格式"设置对话框

第 2 章

表格处理软件
Excel 2016 ⫸

Excel 2016 是微软公司的办公软件 Office 2016 的组件之一，它可以进行各种数据的处理、统计分析和辅助决策操作，广泛应用于管理、财经、金融等众多领域。

本章主要通过知识点细化的案例讲解及强化练习方式，介绍如何使用 Excel 2016 创建并处理电子表格。

读者通过本章的学习，应熟练掌握以下知识点：

- 工作簿的新建、打开、保存和保护，工作表的新建、删除、重命名、移动和复制、拆分、冻结、页面设置、打印、链接设置、保护。
- 单元格数据的输入（文本、数值、日期和时间、逻辑值、批注），单元格数据的有效性设置，单元格内容的删除、修改、移动、复制、自动填充。
- 单元格和单元格区域的选定、命名，单元格的插入、删除，行、列的插入、删除、隐藏。
- 单元格格式设置（数字格式、对齐方式、字体、边框、填充颜色），列宽和行高的设置，格式复制和删除（含格式刷应用），条件格式，单元格样式，自动套用表格格式。
- 公式的输入、复制，单元格地址的引用（相对地址、绝对地址、混合地址、跨工作表的单元格地址）。
- 函数的应用，日期和时间函数（TODAY、YEAR、MONTH、WEEKDAY、DATEDIF 等），数学与三角函数（SUM、SUMIF、SUMIFS、SUMPRODUCT、TRUNC、MOD、INT 等），文本函数（LEFT、RIGTH、MID、LEN、SEARCH、REPLACE 等），垂直查找 VLOOKUP 函数，逻辑与信息函数（IF、AND 等），统计函数（RANK、MAX、MIN、AVERAGE、AVERAGEIFS、COUNT、COUNTA、COUNTIF 等）。
- 导入外部数据并进行分析，获取和转换数据并进行处理。
- 创建图表（图表类型、选择数据）、图表选取、缩放、移动、复制和删除，图表对象编辑（图表类型和样式、图表数据、坐标轴、数据标签、背景设置、网格线、图例等）。
- 迷你图的创建、编辑和删除。
- 数据排序，自动筛选、高级筛选，分类汇总的创建、删除和隐藏，合并计算。

- 数据透视表、数据透视图的建立和编辑。
- 模拟分析（单变量求解、模拟运算表、方案管理器等）。

2.1 案例讲解

【实训 2-1】

涉及的知识点

工作簿的保护，工作表的移动和复制、重命名、冻结、保护。

操作要求

（1）设置限制打开工作簿，"打开权限密码"设定为"aBc"。

（2）修改上题的"打开权限密码"为"123"。

（3）取消"打开权限密码"。

（4）复制工作表"订单明细表"至原工作表后，将新工作表重命名为"销售订单"，然后将工作表"订单明细表"移动到工作表"编号对照"后。

（5）同时冻结工作表"销售订单"的第1、2行和第1列。

（6）设置保护工作表"销售订单"，取消保护时的密码设置为"123"，不允许此工作表的用户进行任何操作。

样张（见图 2-1）

	A	B	C	D	E	F	G
1				销售订单明细表			
2	订单编号	日期	图书编号	图书名称	单价	销量（本）	小计
3	BTW-08634	2012年10月31日	BK-83024	《VB语言程序设计》	CNY 38.00	36	CNY 1,368.00
4	BTW-08633	2012年10月30日	BK-83036	《数据库原理》	CNY 37.00	49	CNY 1,813.00
5	BTW-08632	2012年10月29日	BK-83032	《信息安全技术》	CNY 39.00	20	CNY 780.00
6	BTW-08631	2012年10月26日	BK-83023	《C语言程序设计》	CNY 42.00	7	CNY 294.00
7	BTW-08630	2012年10月25日	BK-83022	《计算机基础及Photoshop应用》	CNY 34.00	16	CNY 544.00
8	BTW-08628	2012年10月24日	BK-83031	《软件测试技术》	CNY 36.00	33	CNY 1,188.00
9	BTW-08629	2012年10月24日	BK-83035	《计算机组成与接口》	CNY 40.00	38	CNY 1,520.00
10	BTW-08627	2012年10月23日	BK-83030	《数据库技术》	CNY 41.00	19	CNY 779.00
11	BTW-08626	2012年10月22日	BK-83037	《软件工程》	CNY 43.00	8	CNY 344.00
12	BTW-08625	2012年10月20日	BK-83026	《Access数据库程序设计》	CNY 41.00	11	CNY 451.00
13	BTW-08624	2012年10月19日	BK-83025	《Java语言程序设计》	CNY 39.00	20	CNY 780.00
14	BTW-08622	2012年10月18日	BK-83036	《数据库原理》	CNY 37.00	1	CNY 37.00
15	BTW-08623	2012年10月18日	BK-83024	《VB语言程序设计》	CNY 38.00	7	CNY 266.00
16	BTW-08594	2012年9月17日	BK-83030	《数据库技术》	CNY 41.00	42	CNY 1,722.00
17	BTW-08593	2012年9月15日	BK-83029	《网络技术》	CNY 43.00	29	CNY 1,247.00
18	BTW-08591	2012年9月14日	BK-83027	《MySQL数据库程序设计》	CNY 40.00	42	CNY 1,680.00
19	BTW-08592	2012年9月14日	BK-83028	《MS Office高级应用》	CNY 39.00	42	CNY 1,638.00
20	BTW-08590	2012年9月13日	BK-83034	《操作系统原理》	CNY 39.00	17	CNY 663.00
21	BTW-08589	2012年9月12日	BK-83033	《嵌入式系统开发技术》	CNY 44.00	14	CNY 616.00
22	BTW-08587	2012年9月11日	BK-83037	《软件工程》	CNY 43.00	27	CNY 1,161.00
23	BTW-08588	2012年9月11日	BK-83021	《计算机基础及MS Office应用》	CNY 36.00	5	CNY 180.00
24	BTW-08586	2012年9月8日	BK-83026	《Access数据库程序设计》	CNY 41.00	29	CNY 1,189.00
25	BTW-08585	2012年9月7日	BK-83025	《Java语言程序设计》	CNY 39.00	33	CNY 1,287.00
26	BTW-08583	2012年9月6日	BK-83036	《数据库原理》	CNY 37.00	30	CNY 1,110.00
27	BTW-08584	2012年9月6日	BK-83024	《VB语言程序设计》	CNY 38.00	24	CNY 912.00
28	BTW-08582	2012年9月5日	BK-83032	《信息安全技术》	CNY 39.00	44	CNY 1,716.00
29	BTW-08580	2012年9月4日	BK-83022	《计算机基础及Photoshop应用》	CNY 34.00	41	CNY 1,394.00
30	BTW-08581	2012年9月4日	BK-83023	《C语言程序设计》	CNY 42.00	20	CNY 840.00
31	BTW-08579	2012年9月4日	BK-83035	《计算机组成与接口》	CNY 40.00	50	CNY 2,000.00

销售订单　编号对照　订单明细表

图 2-1　实训 2-1 样张

操作步骤

1. 设置打开权限密码

（1）打开工作簿，如图 2-2 所示，选择"文件"选项卡中的"另存为"命令，双击图 2-2 图中"这台电脑"图标，弹出"另存为"对话框。

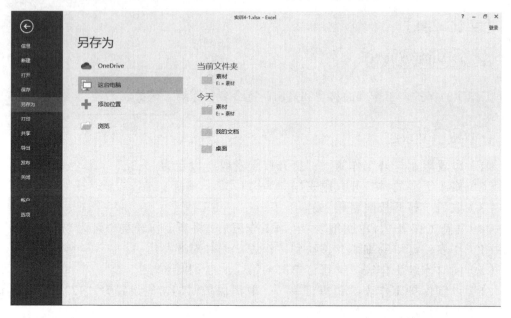

图 2-2　"另存为"界面

（2）选定保存位置后，单击"另存为"对话框中的"工具"下拉按钮，在展开的列表中选择"常规选项"选项，弹出"常规选项"对话框。

（3）如图 2-3 所示，在"常规选项"对话框的"打开权限密码"文本框中输入密码"aBc"后，单击"确定"按钮，再重新输入一次密码"aBc"进行确认（注意：密码区分大小写字母），输入完成后，单击"确定"按钮。

（4）返回到"另存为"对话框，单击"保存"按钮完成设置，并关闭工作簿。

2. 修改密码

（1）双击上题保存的工作簿文件，弹出如图 2-4 所示的"密码"对话框，输入密码"aBc"，单击"确定"按钮，打开工作簿。

图 2-3　"常规选项"对话框

图 2-4　"密码"对话框

（2）选择"文件"选项卡中的"另存为"命令，双击"这台电脑"图标，弹出"另存为"对话框，单击"工具"按钮，在展开的列表中选择"常规选项"选项，弹出"常规选项"对话框，将"打开权限密码"文本框中的密码修改为新密码"123"，单击"确定"按钮，再重新输入一次新密码进行确认。

（3）单击"确定"按钮，返回到"另存为"对话框，单击"保存"按钮，在弹出的"确认另存为"窗口中单击"是"按钮确认替换。

3．取消密码

如上题，打开保存的工作簿文件后，打开"常规选项"对话框，将"打开权限密码"文本框中的密码删除，单击"确定"按钮，返回到"另存为"对话框，单击"保存"按钮，在弹出的"确认另存为"窗口中单击"是"按钮确认替换，完成密码取消设置。

4．工作表的复制、重命名和移动

（1）单击"订单明细表"工作表标签，在工作表标签上右击，在弹出的快捷菜单中选择"移动或复制"命令，弹出"移动或复制工作表"对话框，如图2-5所示，在"下列选定工作表之前"列表框中选中工作表"编号对照"，选择"建立副本"复选框，单击"确定"按钮，即在原工作表"订单明细表"后生成新工作表"订单明细表（2）"，完成复制。

（2）双击工作表"订单明细表（2）"标签或右击工作表"订单明细表（2）"标签，在弹出的快捷菜单中选择"重命名"命令，当工作表名出现灰色底纹时，输入新工作表名"销售订单"，按【Enter】键确认输入。

（3）工作表的移动。方法一：选定工作表"订单明细表"，单击工作表标签并拖动到工作表"编号对照"后；方法二：选定工作表"订单明细表"，在工作表标签上右击，在弹出的快捷菜单中选择"移动或复制"命令，弹出"移动或复制工作表"对话框，在"下列选定工作表之前"列表框中选中"（移至最后）"选项，单击"确定"按钮，即完成移动。

5．冻结窗格

选定工作表"销售订单"，选中第1、2行和第1列的交点右下角的单元格B3，单击"视图"选项卡"窗口"组中的"冻结窗格"下拉按钮，在展开的列表中选择"冻结拆分窗格"选项，完成冻结。

6．保护工作表

选定工作表"销售订单"，单击"审阅"选项卡"更改"组中的"保护工作表"按钮，弹出"保护工作表"对话框，如图2-6所示，选中"保护工作表及锁定的单元格内容"复选框，在"取消工作表保护时使用的密码"文本框中输入密码"123"，取消选择"允许此工作表的所有用户进行"列表框中的所有复选框，单击"确定"按钮，重新输入密码"123"进行确认并保存。

图 2-5　"移动或复制工作表"对话框　　图 2-6　"保护工作表"对话框

【实训 2-2】

涉及的知识点

单元格数据的输入，单元格数据的数据验证设置，单元格内容自动填充，行、列的插入、隐藏，单元格格式设置，列宽和行高的设置，条件格式，单元格样式，套用表格格式，表格与区域的转换，页面布局（主题设置、页面设置）。

操作要求

（1）取消所有隐藏的行、列。

（2）在"姓名"列前插入一列，在 A2 单元格中输入文本"序号"，在 A3:A20 单元格区域利用填充柄填充数值 1~18。

（3）在"序号"列后插入一列，在 B2 单元格输入文本"体检时间"，在 B3:B20 单元格区域利用"序列"对话框按等差数列填入时间序列，起始时间为"8:00"，间隔 5 min。

（4）在"性别"列前插入一列，在 D2 单元格输入文本"身份证号"，在 D3 单元格输入"500000198808180000"。

（5）给 C4 单元格设置批注，批注内容为"班长"，设置批注显示。

（6）在"性别"列后插入一列，在 F2 单元格输入文本"年龄"，设置 F3:F20 单元格区域的数据只接受 17~19 之间的整数，并设置显示输入信息"只可输入 17~19 之间的整数"。

（7）设置标题为：隶书、22 磅、粗斜体、绿色，将 A1:J1 单元格区域合并居中，设置标题行行高为 30 磅，并设置标题为"黄色"的"细 水平 条纹"图案底纹，给标题区域添加红色双线外边框。

（8）设置 A2:J20 单元格区域套用"表样式浅色 11"表格格式，并将表格转换成区域。

（9）设置表格各列列宽均为 10 磅，设置表内数据全部水平垂直居中对齐、单元格内容自动换行。

（10）设置 A3:A20 单元格区域套用主题单元格样式"着色 3"。

（11）设置 J3:J20 单元格区域的条件格式：视力低于 1 的数值的字体设置为"黄色填充 红色文本"。

（12）设置 A1:J20 单元格区域应用主题为"切片"，主题颜色为"橙色"。

（13）设置纸张方向为"横向"，上、下、左、右边距为 1.5 厘米，水平、垂直居中方式。

样张（见图 2-7）

序号	体检时间	姓名	身份证号	性别	年龄	身高（厘米）	体重（公斤）	心率（次/分）	视力
1	8:00	张秀秀	001988 08180000	女		157	57	75	0.6
2	8:05	张苗苗		女		163	50	65	1.4
3	8:10	王奕伟		男		180	66	67	1.3
4	8:15	胡建明		男		174	75	70	0.9
5	8:20	王平		男		172	78	72	1.1
6	8:25	马丽珍		女		162	63	68	0.5
7	8:30	宋刚		女		164	55	85	0.8
8	8:35	凌英姿		女		156	50	74	0.9
9	8:40	孙玲琳		女		172	60	76	0.7
10	8:45	赵英		女		163	51	80	1.5
11	8:50	林小玲		女		160	45	76	1.5
12	8:55	顾凌昊		男		183	66	65	0.7
13	9:00	顾晓英		女		159	58	78	1.2
14	9:05	张建华		男		180	70	74	1.5
15	9:10	李逸伟		男		178	65	64	1.2
16	9:15	黄晓强		男		183	59	80	1.1
17	9:20	宋佳英		女		159	48	70	1.3
18	9:25	徐毅君		男		172	78	69	1.3

2016 级新生入学体检指标报告

图 2-7 实训 2-2 样张

操作步骤

1. 取消隐藏

单击工作表行号和列标交叉位置的按钮，全选工作表，如图 2-8 所示，分别在行号和列标上右击，选择"取消隐藏"命令，将所有隐藏的行、列取消隐藏。

图 2-8 "取消隐藏"设置

2．插入列、序列填充

（1）方法一：单击 A 列的列标，选中"姓名"所在 A 列，在选中区域内右击，在弹出的快捷菜单中选择"插入"命令；方法二：在 A 列中选中任意单元格并右击，在弹出的快捷菜单中选择"插入"命令，弹出"插入"对话框，选择插入"整列"，单击"确定"按钮；方法三：在 A 列中选中任意单元格，单击"开始"选项卡"单元格"组中的"插入"下拉按钮，在展开的列表中选择"插入工作表列"命令。

（2）选中 A2 单元格，输入文本"序号"。

（3）在 A3 单元格中输入数值"1"，将鼠标指针移动到单元格右下角边缘，当鼠标指针变为填充柄"✚"形状时，按住鼠标左键沿着 A 列向下拖动到 A20 单元格，释放鼠标，如图 2-9 所示，在 A20 单元格右下角出现"自动填充选项"按钮，单击该按钮，选择"填充序列"选项。

3．等差序列填充

（1）参考上题步骤，在"序号"列后插入一列，在 B2 单元格输入文本"体检时间"。

（2）在 B3 单元格输入"8:00"，选中 B3:B20 单元格区域，单击"开始"选项卡"编辑"组中的"填充"下拉按钮，在展开的列表中选择"序列"命令，弹出"序列"对话框，如图 2-10 所示，设置序列产生在"列"，类型为"等差序列"，步长值为"0:05"，单击"确定"按钮。

图 2-9　自动填充选项-填充序列

图 2-10　"序列"对话框

4．设置单元格数据格式

（1）参照上题完成列的插入和文本"身份证号"的输入。

（2）选中 D3:D20 单元格区域，右击，在弹出的快捷菜单中选择"设置单元格格式"命令，弹出"设置单元格格式"对话框，如图 2-11 所示，将"数字"类型设置为"文本"，单击"确定"按钮。

（3）在 D3 单元格中输入"500000198808180000"。

图 2-11 "设置单元格格式"对话框-"数字"选项卡

5．插入批注

右击 C4 单元格，在弹出的快捷菜单中选择"插入批注"命令，在批注框内输入"班长"；再次右击 C4 单元格，在弹出的快捷菜单中选择"显示/隐藏批注"命令，显示批注（批注位置和大小设置参考样张）。

6．数据验证

（1）参照第 3 题操作步骤完成列的插入和文本"年龄"的输入。

（2）选中 F3:F20 单元格区域，单击"数据"选项卡"数据工具"组中的"数据验证"命令，弹出"数据验证"对话框。

（3）设置验证条件：选择"设置"选项卡，如图 2-12 所示进行设置，允许"整数"，数据"介于"，最小值"17"，最大值"19"；选择"输入信息"选项卡，如图 2-13 所示，在"输入信息"文本框中输入"只可输入 17~19 之间的整数"并确定。

图 2-12 "数据验证"对话框-"设置"选项卡

图 2-13 "数据验证"对话框-"输入信息"选项卡

7．设置单元格格式

（1）选中标题所在单元格 C1，在"开始"选项卡的"字体"组中设置字体为"隶书"、"22"磅、加粗、斜体、绿色。

（2）选中 A1:J1 单元格区域，单击"开始"选项卡"对齐方式"组中的"合并后居中"按钮。

（3）选中第 1 行任意单元格，单击"开始"选项卡"单元格"组中的"格式"下拉按钮，在展开的列表中选择"行高"选项，弹出"行高"对话框，输入行高"30"，单击"确定"按钮。

（4）选中合并后的标题单元格并右击，在弹出的快捷菜单中选择"设置单元格格式"命令，弹出"设置单元格格式"对话框，如图 2-14 所示，选择"填充"选项卡，设置图案颜色为"黄色"，图案样式为"细 水平 条纹"；如图 2-15 所示，在"边框"选项卡中选择双线线条样式，颜色设置为"红色"，在"预置"选项区域中单击"外边框"，单击"确定"按钮。

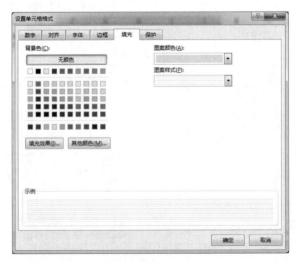

图 2-14 "设置单元格格式"对话框-"填充"选项卡

图 2-15 "设置单元格格式"对话框-"边框"选项卡

8．设置表格格式

选中 A2:J20 单元格区域，单击"开始"选项卡"样式"组中的"套用表格格式"下拉按钮，选择"表样式浅色 11"表格格式，弹出"套用表格式"对话框，默认表数据来源及表包含标题，单击"确定"按钮。如图 2-16 所示，单击"表格工具–设计"选项卡"工具"组中"转换为区域"按钮，弹出确认对话框，单击"是"按钮，即可将表转换为普通的单元格区域。

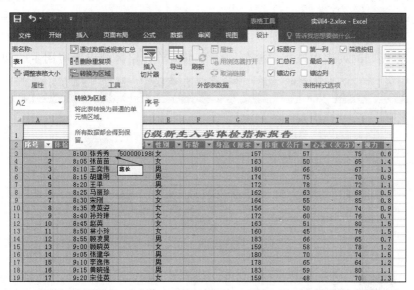

图 2-16 "转换为区域"按钮

9．设置列宽、单元格对齐方式

选中 A2:J20 单元格区域，单击"开始"选项卡"单元格"组中的"格式"下拉按钮，在展开的列表中选择"列宽"，弹出"列宽"对话框，输入列宽"10"，单击"确定"按钮；选中上述区域右击，在弹出的快捷菜单中选择"设置单元格格式"命令，弹出"设置单元格格式"对话框，选择"对齐"选项卡，设置水平对齐"居中"，垂直对齐"居中"，文本控制"自动换行"，其余默认设置，单击"确定"按钮。

10. 设置单元格样式

选中 A3:A20 单元格区域，单击"开始"选项卡"样式"组中的"单元格样式"下拉按钮，在展开的列表中选择主题单元格样式"着色 3"。

11. 设置条件格式

选中 J3:J20 单元格区域，单击"开始"选项卡"样式"组中的"条件格式"下拉按钮，在展开的列表中选择"突出显示单元格规则"→"小于"命令，弹出"小于"对话框，如图 2-17 所示，"为小于以下值的单元格设置格式"设置为"1"，"设置为"选择"自定义格式"，弹出"设置单元格格式"对话框，选择"字体"选项卡，设置颜色为"红色"；选择"填充"选项卡，设置"背景色"为"黄色"，单击"确定"按钮，返回到"小于"对话框，再次单击"确定"按钮。

图 2-17 "小于"对话框

12. 主题设置

选中 A1:J20 单元格区域，如图 2-18 所示，单击"页面布局"选项卡"主题"组中的"主题"下拉按钮，在展开的列表中选择"切片"主题，单击"主题"组中的"颜色"下拉按钮，在展开的列表中选择"橙色"，即可为单元格区域设置应用主题和颜色。

图 2-18 "切片"主题

13．页面设置

单击"页面布局"选项卡"页面设置"组右下角 ⌐ 按钮，弹出"页面设置"对话框，在"页面"选项卡中设置方向为"横向"，在"页边距"选项卡中设置上、下、左、右边距为 1.5（提示：可手动输入数值），工作表水平、垂直居中，如图 2-19 所示。

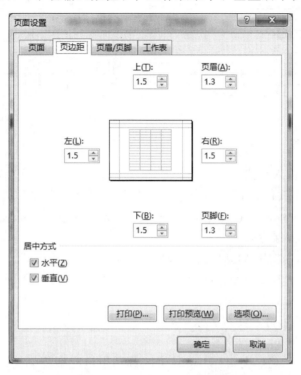

图 2-19 "页面设置"对话框–"页边距"选项卡

【实训 2-3】

✋涉及的知识点

单元格格式设置，工作表重命名，工作表标签颜色设置，公式的输入、复制，单元格地址的引用。

📝操作要求

（1）新建 Excel 工作簿，命名为"实训 2-3.xlsx"，按照样张结合公式的输入、复制，在 A1:J11 单元格区域制作九九乘法表，要求手动输入数值类型数据的单元格不多于 4 个，复制的次数不多于 4 次。

（2）修改工作表标签名称为"九九乘法表"，标签颜色为红色。

（3）设置标题字体格式为隶书，16 磅，并按样张设置单元格的边框和填充颜色。

（见图 2-20）

九九乘法表

	1	2	3	4	5	6	7	8	9
1	1	2	3	4	5	6	7	8	9
2	2	4	6	8	10	12	14	16	18
3	3	6	9	12	15	18	21	24	27
4	4	8	12	16	20	24	28	32	36
5	5	10	15	20	25	30	35	40	45
6	6	12	18	24	30	36	42	48	54
7	7	14	21	28	35	42	49	56	63
8	8	16	24	32	40	48	56	64	72
9	9	18	27	36	45	54	63	72	81

图 2-20　实训 2-3 样张

操作步骤

1．用填充功能输入公式

（1）启动 Excel 软件，新建一个空白工作簿，选择"文件"选项卡中的"保存"或"另存为"命令，单击"这台电脑"图标，弹出"另存为"对话框，文件名设置为"实训 2-3.xlsx"进行保存。

（2）参考样张，选中 A1 单元格，输入文本"九九乘法表"，选中 B2 单元格，输入数值"1"，在 B2:J2 单元格区域利用填充柄填充序列 1~9；选中 A3 单元格，输入数值"1"，在 A3:A11 单元格区域利用填充柄填充序列 1~9。

（3）选中 B3 单元格，输入公式"=$A3*B$2"（提示：注意单元格地址引用），按【Enter】键确认输入。

（4）选中 B3 单元格，在 B3:J3 单元格区域利用填充柄复制公式。选中 B3:J3 单元格区域，在 B3:J11 单元格区域利用填充柄复制公式。

2．工作表重命名、设置标签颜色

（1）双击工作表"Sheet1"标签或右击工作表"Sheet1"标签，在弹出的快捷菜单中选择"重命名"命令，当工作表名出现灰色底纹时，输入新工作表名"九九乘法表"，按【Enter】键确认输入。

（2）右击工作表"九九乘法表"标签，在弹出的快捷菜单中选择"工作表标签颜色"命令，如图 2-21 所示，设置工作表标签颜色为标准色"红色"。

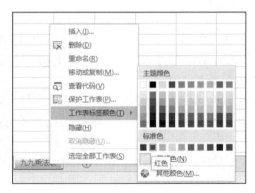

图 2-21　工作表标签颜色

3.设置单元格格式

（1）选中标题所在单元格 A1，在"开始"选项卡的"字体"组中设置字体为"隶书"、"16"磅，选中 A1:J1 单元格区域，单击"开始"选项卡"对齐方式"组中的"合并后居中"按钮。

（2）选中 A2:J11 单元格区域并右击，在弹出的快捷菜单中选择"设置单元格格式"命令，弹出"设置单元格格式"对话框，如图 2-22 所示，选择"边框"选项卡，设置双线外边框，单实线内边框。

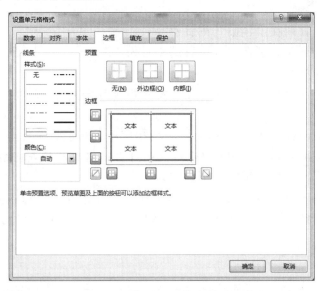

图 2-22 "设置单元格格式"对话框-"边框"选项卡

（3）按住【Ctrl】键，同时拖动鼠标选中 A2:A11，B2:J2 单元格区域，单击"开始"选项卡"字体"组中的"填充颜色"下拉按钮，在展开的列表中选择标准色"浅蓝"，如图 2-23 所示。

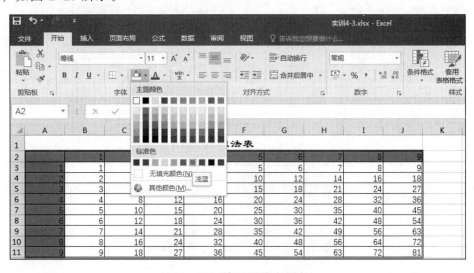

图 2-23 单元格填充颜色

【实训 2-4】

涉及的知识点

单元格地址引用，常用函数的运用：日期和时间函数（TODAY、YEAR、MONTH、WEEKDAY、DATEDIF），统计函数（COUNTA、COUNTIF、AVERAGE），数学与三角函数（SUM、SUMIF、SUMIFS、SUMPRODUCT、TRUNC、INT）。

操作要求

（1）根据出生日期在“年龄”列计算年龄。

（2）根据订单日期分别在“订单日期（月份）”和“订单日期（星期）”列计算订单日期的月份和星期。

（3）根据订单日期与发货日期，在“发货响应时长（天）”列以天为单位计算发货响应时长。

（4）利用相关函数在 M1:M3 单元格区域相应单元格汇总统计客户数据。

（5）利用相关函数分别在 M5、O5 单元格计算销售总和和人均销售额，销售总和不足千的部分抹零，人均销售额向下取整。

（6）利用相关函数在 O2:M4 单元格区域相应单元格计算汇总各销售数据。

（7）已知“利润额=消费金额*利润率”，利用相关函数在 M12 单元格计算总利润额。

样张（见图 2-24 和图 2-25）

	A	B	C	D	E	F	G	H	I	J	K
1	客户姓名	性别	出生日期	年龄	订单日期	订单日期（月份）	订单日期（星期）	发货日期	发货响应时长（天）	消费金额	利润率
2	钟思明	男	1995年1月9日	26	2019年12月29日	12月	7	2019年12月30日	1	4,474	0.21
3	张小秋	女	1988年4月15日	33	2019年11月30日	11月	6	2019年12月1日	1	1,273	0.15
4	陈静	女	1993年1月2日	28	2019年10月4日	10月	5	2019年10月7日	3	840	0.12
5	韩杨	男	1994年3月31日	27	2019年11月3日	11月	7	2019年11月6日	3	449	0.3
6	戴钰	女	1994年10月2日	27	2019年12月29日	12月	7	2019年12月30日	1	719	0.17
7	李畅	女	1996年5月26日	25	2019年12月24日	12月	2	2019年12月25日	1	639	0.2
8	蔡晶	女	1993年9月19日	28	2019年10月20日	10月	7	2019年10月23日	3	559	0.33
9	陈毅俊	男	1993年7月29日	28	2019年12月30日	12月	1	2019年12月31日	1	719	0.17
10	姚淑君	女	1992年11月17日	29	2019年10月16日	10月	3	2019年10月18日	2	559	0.33
11	曹曼芸	女	1999年4月30日	22	2019年10月16日	10月	3	2019年10月18日	2	548.8	0.16
12	郭晓英	女	1974年7月26日	47	2019年10月2日	10月	3	2019年10月3日	1	679	0.22
13	彭丹	女	1983年4月19日	38	2019年10月17日	10月	4	2019年10月17日	0	559	0.33
14	王春亚	女	1978年11月9日	43	2019年10月7日	10月	1	2019年10月8日	1	764	0.17
15	方新隆	男	1990年3月13日	31	2019年10月16日	10月	3	2019年10月17日	1	668.8	0.1
16	申慕龙	男	1989年6月30日	32	2019年10月21日	10月	1	2019年10月21日	0	509	0.2
17	林中琴	女	2001年6月25日	20	2019年10月19日	10月	6	2019年10月20日	1	1,118	0.15
18	胡群芳	女	1999年4月28日	22	2019年10月18日	10月	5	2019年10月18日	0	509	0.2
19	钱露	女	1995年9月12日	26	2019年10月25日	10月	5	2019年10月25日	0	2,864	0.3
20	李艳	女	1987年1月26日	34	2019年10月16日	10月	3	2019年10月16日	0	719	0.17
21	周晶	女	1983年7月2日	38	2019年10月16日	10月	3	2019年10月16日	0	299	0.11
22	龚妏	女	1993年1月20日	28	2019年10月18日	10月	5	2019年10月18日	0	509	0.2
23	张月	女	1998年6月30日	23	2019年10月17日	10月	4	2019年10月17日	0	509	0.2
24	徐凯	男	1992年7月2日	29	2019年10月17日	10月	4	2019年10月17日	0	509	0.2
25	高健	男	1993年4月21日	28	2019年11月5日	11月	2	2019年11月5日	0	449	0.3
26	文静	女	1996年3月12日	25	2019年10月17日	10月	4	2019年10月18日	1	509	0.2
27	孟玉梅	女	1995年10月1日	26	2019年10月17日	10月	4	2019年10月20日	3	509	0.2
28	戴丽慧	女	2000年2月17日	21	2019年10月17日	10月	4	2019年10月17日	0	509	0.2
29	小望	女	1993年9月3日	28	2019年10月18日	10月	5	2019年10月19日	1	509	0.2
30	唐洛君	男	2001年4月3日	20	2019年10月18日	10月	5	2019年10月18日	0	719	0.17
31	顾烨	男	1995年9月17日	26	2019年10月18日	10月	5	2019年10月19日	1	579	0.25
32	江子昊	男	1995年4月23日	26	2019年10月18日	10月	5	2019年10月19日	1	509	0.2

图 2-24 实训 2-4 样张（1）

L	M	N	O
客户总人数	140		
客户总人数（男）	69		
客户总人数（女）	71		
销售总和	122,000	人均销售额	876
月份	月销售总和	销售总和（男）	销售总和（女）
10月	39638.6	14254.8	25383.8
11月	24511	13157	11354
12月	58591	35452	23139
总利润额	21652.908		

图 2-25 实训 2-4 样张（2）

操作步骤

1. 运用 YEAR 函数

（1）C 列显示的是出生日期，利用 YEAR 函数提取出生年份，当 YEAR 函数的参数为 TODAY 函数时得到当前的年份，当前年份与出生年份之差即为年龄值。选中 D2 单元格，单击"公式"选项卡"函数库"组中的"插入函数"按钮，弹出"插入函数"对话框，可通过对话框输入公式，也可直接在单元格输入公式"=YEAR(TODAY())–YEAR(C2)"，按【Enter】键确认输入，将鼠标指针移动到 D2 单元格右下角边缘，当鼠标指针变为填充柄"╋"形状时，拖动鼠标，完成 D2:D141 单元格区域公式的复制。

（2）选中 D2:D141 单元格区域并右击，在弹出的快捷菜单中选择"设置单元格格式"命令，弹出"设置单元格格式"对话框，在"数字"选项卡中设置分类：数值，小数位数为 0，也可在"开始"选项卡"数字"组中完成上述设置。

2. 运用 MONTH、WEEKDAY 函数

（1）E 列显示的是订单日期，利用 MONTH 函数提取月份，利用合并连接号"&"得到"*月"显示形式的订单日期月份。选中 F2 单元格，输入公式"=MONTH(E2)&"月""，按【Enter】键确认输入，再在 F2:F141 单元格区域利用填充柄复制公式。

（2）E 列显示的是订单日期，利用 WEEKDAY 函数提取星期几。选中 G2 单元格，输入公式"=WEEKDAY(E2,2)"（提示：如图 2–26 所示，WEEKDAY 函数第 2 个参数 Return_type 用"2"表示"从星期一=1 到星期日=7"），按【Enter】键确认输入，再在 G2:G141 单元格区域利用填充柄复制公式。

图 2–26　WEEKDAY 函数参数对话框

（3）选中 G2:G141 单元格区域，在"开始"选项卡"数字"组中设置"数字"格式，并两次单击"减少小数位数"按钮，设置数字为整数格式。

3. 运用 DATEDIF 函数

（1）E 列显示的是订单日期，H 列显示的是发货日期，利用 DATEDIF 函数计算两个日期之间的间隔（提示：DATEDIF 函数是 Excel 的隐藏函数，无法通过插入函数对话框得到"函数参数"对话框的提示信息，该函数语法 DATEDIF(start_date,end_date,unit)，第 3 个参数 unit 表示返回类型："y"表示整数年，"m"表示整数月，"d"表示整数天，"md"表示开始日期和结束日期之间忽略日期

中年和月后的天数的差）。选中 I2 单元格，输入公式"=DATEDIF(E2,H2,"d")"，按
【Enter】键确认输入，再在 I2:I141 单元格区域利用填充柄复制公式。

（2）选中 I2:I141 单元格区域，在"开始"选项卡"数字"组中设置"数字"格
式，并两次单击"减少小数位数"按钮，设置数字为整数格式。

4. 运用 COUNTA、COUNTIF 函数

（1）A 列显示的是客户姓名，利用 COUNTA 函数统计客户姓名列非空单元格个
数即可得到客户总人数。选中 M1 单元格，输入公式"=COUNTA(A2:A141)"，按【Enter】
键确认输入（提示：通过插入函数对话框输入公式时，首先将鼠标光标定位在 Value1
后的编辑栏中，如图 2-27 所示，单击 A2 单元格，然后利用组合键【Ctrl+Shift+↓】，
如图 2-28 所示，选中连续区域 A2:A141 并输入）。

图 2-27　COUNTA 函数参数对话框

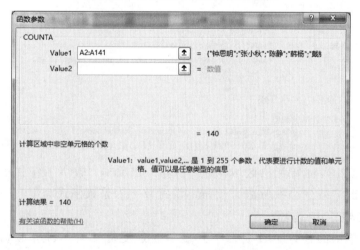

图 2-28　COUNTA 函数参数对话框–Value1

（2）B 列显示的是性别，利用 COUNTIF 函数统计客户性别为男的单元格个数即
可得到男性客户总人数。选中 M2 单元格，输入公式"=COUNTIF(B2:B141,"男")"，
按【Enter】键确认输入。图 2-29 为 COUNTIF 函数参数对话框各参数设置。

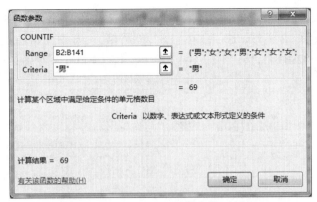

图 2-29　COUNTIF 函数参数对话框

（3）参考上题步骤，在 M3 单元格，输入公式"=COUNTIF(B2:B141,"女")"得到女性客户总人数。

5．运用 SUM、TRUNC、AVERAGE、INT 函数

（1）J 列显示的是每位客户的消费金额，利用 SUM 函数求和，结合函数嵌套 TRUNC 函数进行指定位数取整，取整位数设定为-3，表示保留小数点前面 3 位取整。选中 M5 单元格，输入公式"=TRUNC(SUM(J2:J141),-3)"，按【Enter】键确认输入。

（2）J 列显示的是每位客户的消费金额，利用 AVERAGE 函数求平均值，结合函数嵌套 INT 函数向下取整。选中 O5 单元格，输入公式"=INT(AVERAGE(J2:J141))"，按【Enter】键确认输入。

6．运用 SUMIF、SUMIFS 函数

（1）F 列显示的是订单日期（月份），J 列显示的是每位客户的消费金额，利用 SUMIF 函数计算 10 月份的销售总和。如图 2-30 所示，参数 Range 为条件区域 F2:F141，参数 Criteria 为条件"10 月"，在 L8 单元格，参数 Sum_range 为求和区域 J2:J141。选中 M8 单元格，输入公式"=SUMIF(F2:F141,L8,J2:J141)"，按【Enter】键确认输入。

图 2-30　SUMIF 函数参数对话框

（2）B 列显示的是性别，F 列显示的是订单日期（月份），J 列显示的是每位客户的消费金额，利用 SUMIFS 函数计算 10 月份的男性销售总和。如图 2-31 所示，参数 Sum_range 为求和区域 J2:J141，参数 Criteria_range1 为条件 1 的条件区域 B2:B141，参数 Criterial 为条件 1 "男"，参数 Criteria_range2 为条件 2 的条件区域 F2:F141，参数 Criteria2 为条件 2 "10 月"，在 L8 单元格。选中 N8 单元格，输入公式"=SUMIFS(J2:J141,B2:B141,"男",F2:F141,L8)"，按【Enter】键确认输入。

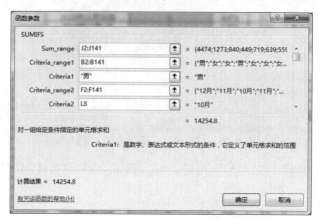

图 2-31   SUMIFS 函数参数对话框

（3）选中 O8 单元格，输入公式 "=SUMIFS(J2:J141,B2:B141,"女",F2:F141,L8)"，按【Enter】键确认输入。

（4）参考上题步骤，完成 M9:O10 单元格区域公式的输入。（提示：直接利用填充柄填充公式会出现错误，可结合单元格地址绝对引用，将条件区域和求和区域地址固定。）

7. 运用 SUMPRODUCT 函数

利润额总和的计算为相关区域乘积的和，利用 SUMPRODUCT 函数求取。选中 M12 单元格，输入公式 "=SUMPRODUCT(J2:J141,K2:K141)"，按【Enter】键确认输入。

【实训 2-5】

涉及的知识点

删除重复项，定位条件，选择性粘贴，单元格地址的引用（相对地址、绝对地址、混合地址、跨工作表的单元格地址），常用函数的运用：文本函数（LEFT、RIGTH、MID、LEN、SEARCH、REPLACE），垂直查找 VLOOKUP 函数，逻辑与信息函数（IF、AND），数学与三角函数（SUM、SUMIF、MOD），统计函数（RANK、MAX、MIN、AVERAGE、AVERAGEIFS、COUNT、COUNTA、COUNTIF）。

操作要求

（1）删除重复项及学号为空值的学生信息，并重新调整"序号"列。

（2）已知"体质评分=身高×0.08+体重×0.04+心率×0.05"，利用公式计算 2020 级新生的体质评分，结果保留 3 位小数点。

（3）根据体质评分和视力判断新生体检指标的综合等级，规则如下：

体 质 评 分	视 力	综 合 等 级
>=17	>=1.2	A
>=15	>=0.8	B
<15	其他	C

（4）在"体质排名"列，依照体质评分从高到低，对体质评分进行排名。

（5）利用相关函数，根据姓名提取学生的姓和名。

（6）学号的第 3 至第 5 位为学院代码，根据"学院代码"对照关系查找学院名称。

（7）利用相关函数，将学号的前两位"19"替换成"20"。

（8）身份证号的第 7 至第 14 位为出生日期，利用相关函数，根据身份证号提取日期格式的出生日期。

（9）身份证号的第 17 位表示性别，奇数为男，偶数为女，利用相关函数，根据身份证号判断学生性别。

（10）利用相关函数，根据邮箱地址提取用户名。

（11）在"统计结果"工作表中相应单元格内，运用相关函数统计新生身高最大值、体重最小值、视力平均值、体质评分总和、参加体检总人数、外院新生人数、计算机学院新生体质评分总和以及商学院新生平均身高。

样张（见图 2-32 和图 2-33）

图 2-32　实训 2-5 样张（1）

	A	B	C
1	1	身高最大值	183
2	2	体重最小值	45
3	3	视力平均值	1.083333
4	4	总体质评分	352.12
5	5	参与体检总人数	18
6	6	外院新生人数	6
7	7	计算机学院新生体质评分总和	112.43
8	8	商学院女生平均身高（厘米）	167

图 2-33　实训 2-5 样张（2）

操作步骤

1. 删除重复项与定位条件

（1）选中"指标报告"工作表 A2:R25 单元格区域，单击"数据"选项卡"数据工具"组中的"删除重复项"按钮，弹出"删除重复项"对话框，如图 2-34 所示，取消"序号"列的勾选，单击"确定"按钮即可删除重复数据。

（2）选中"指标报告"工作表学号列 F2:F23 单元格区域，单击"开始"选项卡"编辑"组中的"查找和选择"下拉按钮，在展开的列表中选择"定位条件"，弹出"定位条件"对话框，如图 2-35 所示，选择"空值"单选按钮，单击"确定"按钮即可选中学号为空值的所有单元格，在选中区域内右击，在弹出的快捷菜单中选择"删除"命令，弹出"删除"对话框，选择"整行"，单击"确定"按钮即可删除学号为空值的学生信息。

图 2-34 "删除重复项"对话框

图 2-35 "定位条件"对话框

（3）选中 A3 单元格，在 A3:A20 单元格区域利用填充柄填充序列 1~18。

2. 数据计算

（1）选定"指标报告"工作表中的 P3 单元格，输入公式"=L3*0.08+M3*0.04+N3*0.05"，按【Enter】键确认输入。

（2）选定 P3 单元格，单击"开始"选项卡"数字"组中的"增加小数位数"按钮，将 P3 单元格内的数值保留"3"位小数，适当调整列宽显示数值。

（3）选中 P3 单元格，在 P3:P20 单元格区域复制公式，方法一：选定 P3 单元格，将鼠标指针移动到单元格右下角边缘，当鼠标指针变为填充柄"＋"形状时，按住鼠标左键沿着 P 列向下拖动到 P20 单元格，释放鼠标左键；方法二：选定 P3 单元格，将鼠标指针移动到单元格右下角边缘，当鼠标指针变为填充柄"＋"形状时双击。

3. 运用 IF 函数

（1）选定 R3 单元格，单击"公式"选项卡"函数库"组中的"插入函数"按钮，弹出"插入函数"对话框，选择"IF"函数，单击"确定"按钮；若"选择函数"列表框中没有"IF"函数，则在"搜索函数"文本框中输入"IF"，单击"转到"按钮，然后在"选择函数"列表框中选择"IF"函数，单击"确定"按钮。

（2）在弹出的 IF 函数参数对话框中，光标在第 1 行"Logical_test"文本框中闪动。如图 2-36 所示，单击名称框下拉按钮，在展开的列表菜单中选择"AND"函数，弹出 AND 函数参数对话框，按照图 2-37 所示输入各参数设置，注意输入的">="符号应为西文字符输入法下输入的符号。

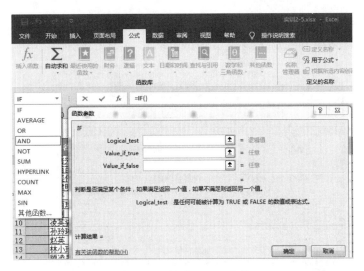

图 2-36 嵌套 AND 函数

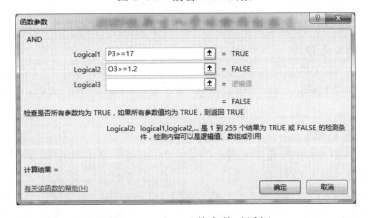

图 2-37 AND 函数参数对话框

（3）鼠标移至编辑框中"IF"函数处，单击"插入函数"按钮，弹出 IF 函数参数对话框。按【Tab】键，将光标切换到第 2 行"Value_if_true"文本框中，输入大写字母"A"。

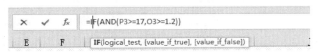

图 2-38 插入函数按钮

（4）再次按【Tab】键，将光标切换到第 3 行"Value_if_false"文本框中。当光标在"Value_if_false"文本框中闪动时，打开工作表的名称框下拉列表，选择"IF"函数，弹出新的 IF 函数参数对话框，同时看到工作表的数据编辑区一栏中，嵌套的"IF"函数显示为粗体，处于正在编辑状态。

（5）在新的 IF 函数参数对话框中，按照上述步骤（2）插入嵌套函数 AND。如图 2-39 所示，鼠标移至编辑框中第 2 个"IF"函数处，单击"插入函数"按钮，弹出 IF 函数参数对话框。按【Tab】键，将光标切换到第 2 行"Value_if_true"文本框中，输入大写字母"B"，在第 3 行"Value_if_false"文本框中输入大写字母"C"。可通过【Tab】键切换方式给大写英文字符自动加上西文双引号。

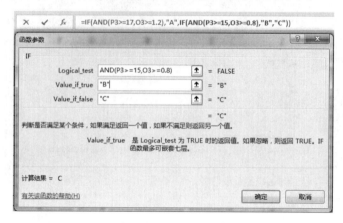

图 2-39　嵌套 IF 函数

（6）单击"确定"按钮完成函数插入，利用填充柄将该列单元格区域填写完整。

4．运用 RANK 函数

（1）选定 Q3 单元格，单击"公式"选项卡"函数库"组中的"插入函数"按钮，弹出"插入函数"对话框，在"搜索函数"文本框中输入"RANK"，单击"转到"按钮，然后在"选择函数"列表框中选择"RANK"函数，单击"确定"按钮，弹出 RANK 函数参数对话框。

（2）如图 2-40 所示，光标在第 1 行"Number"文本框中闪动时，选定单元格 P3；按【Tab】键，将光标切换到第 2 行"Ref"文本框中，选定单元格 P3 并按住左键拖动到 P20 单元格，实现选定单元格区域 P3:P20，选中第 2 行"Ref"文本框内的"P3:P20"，按【F4】键，将该单元格区域转换为绝对地址"$P$3:$P$20"；再次按【Tab】键，将光标切换到第 3 行"Order"文本框中，输入数值"0"或忽略不填（输入数值"0"或不填表示降序），单击"确定"按钮。

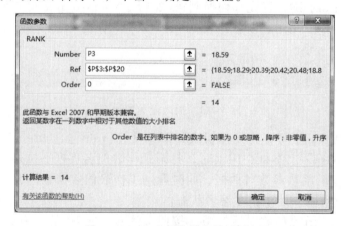

图 2-40　RANK 函数参数对话框

（3）利用填充柄将该列单元格区域填写完整。

5. 运用 LEFT、RIGHT 函数

（1）D 列显示的是姓名，利用 LEFT 函数提取姓氏。选中 B3 单元格，输入公式"=LEFT(D3,1)"，按【Enter】键确认输入，再在 B3:B20 单元格区域利用填充柄复制公式。

（2）D 列显示的是姓名，利用 RIGHT 函数提取名字。选中 C3 单元格，输入公式"=RIGHT(D3,LEN(D3)-1)"（提示：如图 2-41 所示，RIGHT 函数第 2 个参数 Num_chars为 "LEN(D3)-1"，表示从右侧开始截取姓名除去姓氏的所有字符）。按【Enter】键确认输入，再在 C3:C20 单元格区域利用填充柄复制公式。

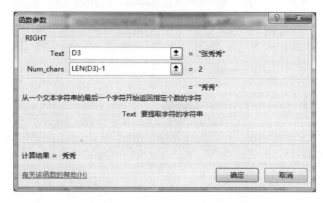

图 2-41　RIGHT 函数参数对话框

6. 运用 VLOOKUP 函数

F 列显示的是学号，根据"学院代码对照"工作表中的学院代码与名称对照关系，利用 VLOOKUP 函数查找学院名称。选中 G3 单元格，输入公式"=VLOOKUP(MID(F3,3,3),学院代码对照!\$A\$2:\$B\$4,2,0)"（提示：如图 2-42 所示，VLOOKUP 函数第 1 个参数 Lookup_value 为学院代码，利用 MID 函数提取，第 2 个参数 Table_array 为 "要在其中搜索数据的文字、数字或逻辑值表"，因后续需要复制公式，此处为跨工作表的单元格地址绝对引用，第 3 个参数 Col_index_num 用 "2" 表示返回的列序号为第 2 列，第 4 个参数 Range_lookup 用 "0" 表示精确匹配），按【Enter】键确认输入，再在 G3:G20 单元格区域利用填充柄复制公式。

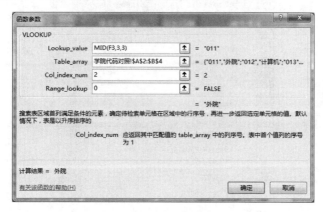

图 2-42　VLOOKUP 函数参数对话框

7. 运用 REPLACE 函数、选择性粘贴

（1）F 列显示的是学号，可以利用 REPLACE 函数按照题目要求更改学号。选中 S3 单元格，输入公式"=REPLACE(F3,1,2,20)"（提示：如图 2-43 所示，REPLACE 函数第 1 个参数 Old_text 为原始学号，第 2 个参数 Start_num 为需要替换字符的起始位置，第 3 个参数 Num_chars 用"2"表示替换 2 个字符，第 4 个参数 New_text 用"20"表示替换的字符串），按【Enter】键确认输入，再在 S3:S20 单元格区域利用填充柄复制公式。

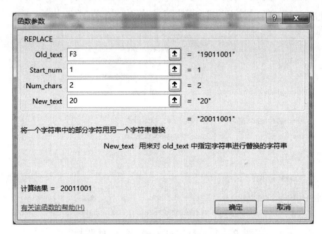

图 2-43　REPLACE 函数参数对话框

（2）选中 S3:S20 单元格区域，按快捷键【Ctrl+C】复制单元格内容，然后选中 F3:F20 单元格区域，右击，在弹出的快捷菜单中选择"粘贴选项"下的"值"按钮，或"选择性粘贴"下的"粘贴数值"中的"值"按钮。

图 2-44　选择性粘贴

（3）为了保持原表格的布局，可删除 S 列数据。

8. 嵌套运用 MID、DATE 函数

H 列显示的是身份证号，身份证号的第 7 至第 14 位为出生日期，可以利用 MID 函数截取相应位置的字符（第 7 至 10 位数字表示年份，第 11 至 12 位数字表示月份，第 13 至 14 位数字表示日期），可利用 DATE 函数将代表日期的文本转换成日期格式。选中 I3 单元格，输入公式"=DATE(MID(H3,7,4),MID(H3,11,2),MID(H3,13,2))"，按【Enter】键确认输入，再在 I3:I20 单元格区域利用填充柄复制公式。图 2-45 为 DATE 函数参数对话框各参数设置。

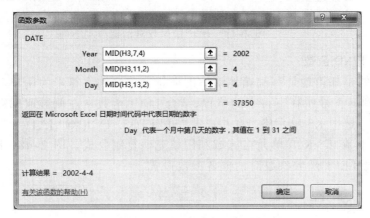

图 2-45　DATE 函数参数对话框

9. 嵌套运用 MID、MOD、IF 函数

H 列显示的是身份证号，身份证号的第 17 位表示性别，奇数为男，偶数为女，利用 MID 函数截取第 17 位上的数符，再将 MOD 函数作为 IF 函数的嵌套函数，判断数值是否可以被 2 整除，然后根据真假返回相应的值。选中 E3 单元格，输入公式"=IF(MOD(MID(H3,17,1),2)=0,"女","男")"，按【Enter】键确认输入，再在 E3:E20 单元格区域利用填充柄复制公式。图 2-46、图 2-47 分别为 MOD 函数、IF 函数参数对话框各参数设置。

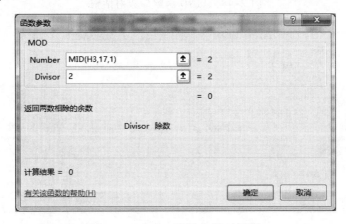

图 2-46　MOD 函数参数对话框

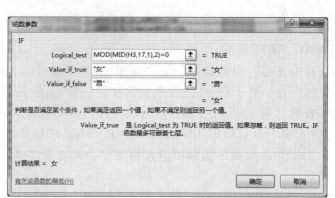

图 2-47　IF 函数参数对话框

10．运用 FIND 函数

　　J 列显示的是邮箱地址，邮箱地址中的 @ 符号前面的字符串为用户名，可以利用 FIND 函数找到 @ 符号所在字符串的位置，结合 LEFT 函数从左侧截取邮箱地址 @ 符号前的所有字符。选中 K3 单元格，输入公式"=LEFT(J3,FIND("@",J3,1)–1)"，按【Enter】键确认输入，再在 K3:K20 单元格区域利用填充柄复制公式。图 2-48、图 2-49 分别为 FIND 函数、LEFT 函数参数对话框各参数设置。

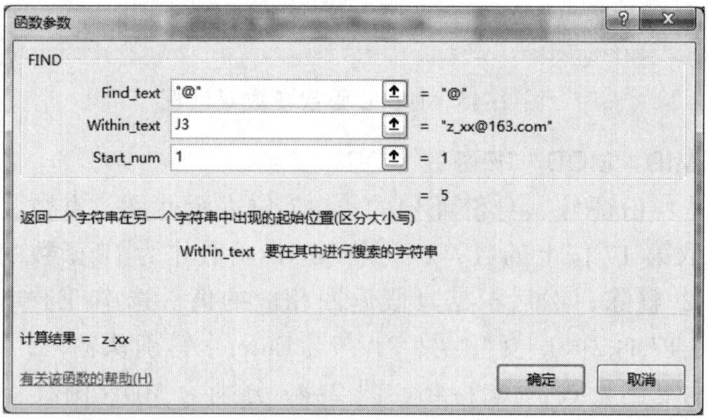

图 2-48　FIND 函数参数对话框

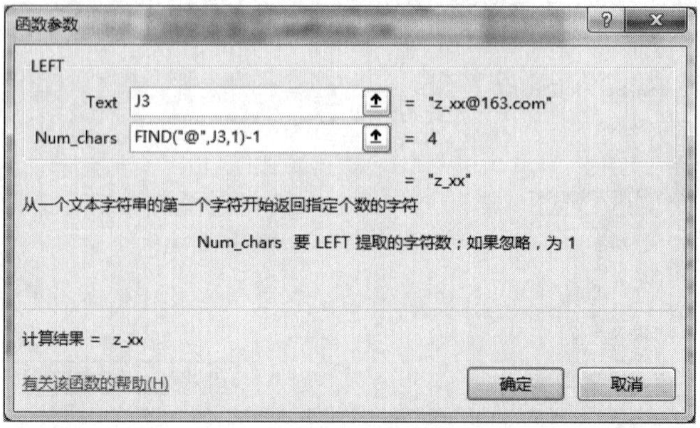

图 2-49　LEFT 函数参数对话框

11. 应用多种统计函数

（1）单击"统计结果"工作表标签打开该工作表，选定 C1 单元格，插入"MAX"函数，如图 2-50 所示，在"Number1"文本框中选择"指标报告"工作表的 L3:L20 单元格区域，单击"确定"按钮。

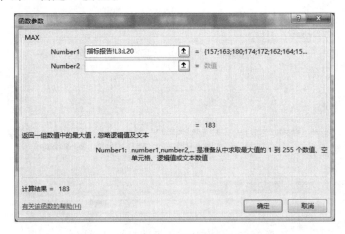

图 2-50　MAX 函数参数对话框

（2）选定 C2 单元格，插入"MIN"函数，如图 2-51 所示，在"Number1"文本框中选择"指标报告"工作表的 M3:M20 单元格区域，单击"确定"按钮。

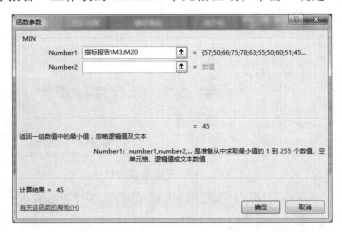

图 2-51　MIN 函数参数对话框

（3）选定 C3 单元格，插入"AVERAGE"函数，如图 2-52 所示，在"Number1"文本框中选择"指标报告"工作表的 O3:O20 单元格区域，单击"确定"按钮。

（4）选定 C4 单元格，插入"SUM"函数，如图 2-53 所示，在"Number1"文框框中选择"指标报告"工作表的 P3:P20 单元格区域，单击"确定"按钮。

（5）选定 C5 单元格，插入"COUNT"函数，如图 2-54 所示，在"Value1"文本框中选择"指标报告"工作表的任一数据列单元格区域，如 P3:P20 单元格区域，单击"确定"按钮（本小题还可使用"COUNTA"函数进行统计，如图 2-55 所示，在"Value1"文本框中选择"指标报告"工作表的任一列单元格区域，如 D3:D20 单元格区域，单击"确定"按钮）。

（6）选定 C6 单元格，插入"COUNTIF"函数，如图 2-56 所示，在"Range"文本框中选择"指标报告"工作表的 G3:G20 单元格区域，在"Criteria" 文本框中输入"外院"，按【Tab】键添加西文字符双引号，单击"确定"按钮。

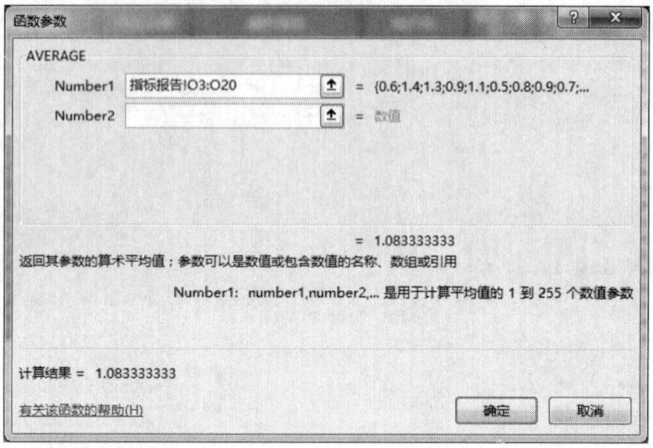

图 2-52　AVERAGE 函数参数对话框

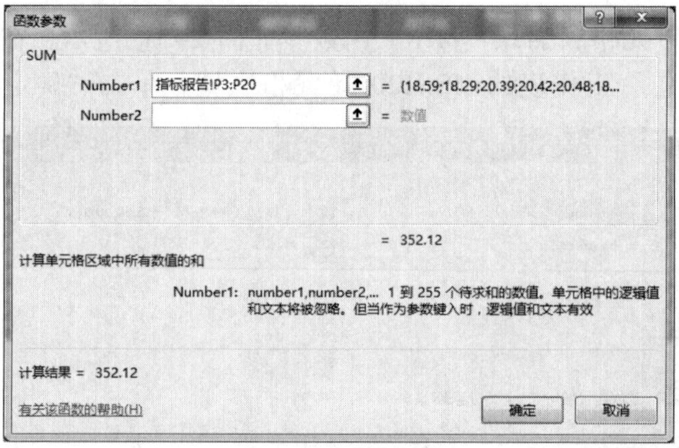

图 2-53　SUM 函数参数对话框

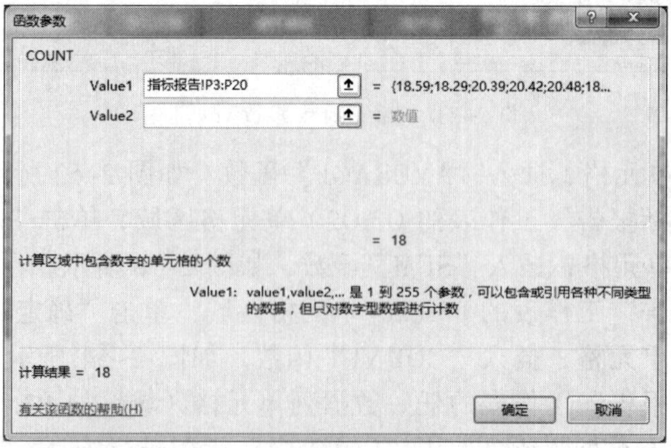

图 2-54　COUNT 函数参数对话框

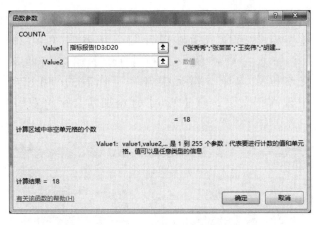

图 2-55　COUNTA 函数参数对话框

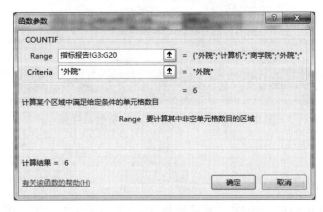

图 2-56　COUNTIF 函数参数对话框

（7）选定 C7 单元格，插入"SUMIF"函数，如图 2-57 所示，在"Range"文本框中选择"指标报告"工作表的 G3:G20 单元格区域，在"Criteria"文本框中输入"计算机"，按【Tab】键添加西文字符双引号，在"Sum_range"文本框中选择"指标报告"工作表的 P3:P20 单元格区域，单击"确定"按钮。

图 2-57　SUMIF 函数参数对话框

（8）选定 C8 单元格，插入"AVERAGEIFS"函数，如图 2-58 所示，在

"Average_range"文本框中选择"指标报告"工作表的 L3:L20 单元格区域，在"Criteria_range1"文本框中选择"指标报告"工作表的 G3:G20 单元格区域，在"Criteria1"文本框中输入"商学院"，按【Tab】键添加西文字符双引号，在"Criteria_range2"文本框中选择"指标报告"工作表的 E3:E20 单元格区域，在"Criteria2"文本框中输入"女"，按【Tab】键添加西文字符双引号，单击"确定"按钮。

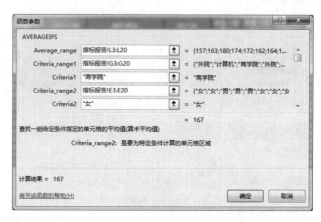

图 2-58　AVERAGEIFS 函数参数对话框

【实训 2-6】

涉及的知识点

数据导入，合并计算，排序，单元格格式设置，创建迷你图，编辑迷你图，创建图表，图表的选取、缩放、移动，图表对象编辑（图表类型、图表数据、数据标签、背景设置等）。

操作要求

（1）打开"实训 2-6.xlsx"，将素材"2020-2021 学年第一学期通识课程成绩.html"中的"2020-2021 学年第一学期通识课程成绩明细"表格导入到工作表"通识课程成绩"中，素材"2020-2021 学年第一学期专业课程成绩.txt"中的学生成绩数据导入到工作表"专业课程成绩"，导入的起始单元格均为 A1 单元格。

（2）将两个工作表内容合并，合并后的数据放置在"成绩汇总"工作表，A2 单元格开始。

（3）在"成绩汇总"工作表中，为合并后的表格增加标题"2021 学年第一学期成绩汇总"，设置标题跨列居中，适当调整字体大小，并为标题显示范围内的单元格区域进行适当底纹和边框设置，为整个表格添加边框。

（4）在"成绩汇总"工作表 G 列相应单元格中插入每位学生各科成绩的柱形迷你图，颜色黑色，显示最高点，并设置最高点标记颜色为绿色。

（5）建立"C 语言"前 3 名学生各科成绩的"三维簇状柱形图"，系列产生在行，放置于 I2:O19 单元格区域。

（6）将"C语言"最后3名学生各科成绩数据添加到图表中。

（7）将"语文"和"英语"成绩数据从图表中删除。

（8）设置图表显示各科成绩，图表上方显示标题"成绩对比"。

（9）设置"图表区"为"浅色渐变-个性色2"的渐变填充效果，设置"绘图区"为"再生纸"纹理填充效果。

样张（见图2-59和图2-60）

	A	B	C	D	E	F	G
1	2021学年第一学期成绩汇总						
2	姓名	语文	数学	英语	C语言	数据结构	迷你图
3	陈伟杰	90	72	86	82	67	
4	江明	96	90	100	85	70	
5	韩江	90	96	98	76	91	
6	王辰宇	78	84	88	67	79	
7	周思远	96	67	98	77	62	
8	王晨	62	88	90	51	83	
9	赵旭	66	80	90	55	70	
10	王思婷	86	84	100	75	79	
11	张人仁	96	86	65	85	81	
12	张梦雪	90	94	78	79	66	
13	宋晨涛	42	54	57	60	49	
14	黄丽琳	68	84	88	57	79	
15	陆雷恺	98	98	100	87	88	
16	贾韬	94	82	84	83	77	
17	崔旭	88	76	94	77	71	
18	李延洁	66	78	78	60	73	
19	杨毅	74	88	96	63	83	

图2-59　实训2-6样张（1）

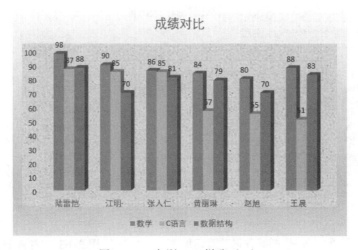

图2-60　实训2-6样张（2）

操作步骤

1. 数据导入

（1）使用IE浏览器打开素材"2020-2021学年第一学期通识课程成绩.html"，如图2-61所示，复制目录地址。

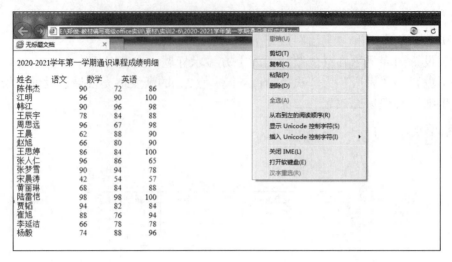

图 2-61　复制目录地址

（2）打开"实训 2-6.xlsx"，重命名"Sheet1"工作表名为"通识课程成绩"，单击"数据"选项卡"获取外部数据"组中的"自网站"按钮，弹出浏览器窗口，在"地址"栏粘贴地址，单击地址栏右侧"转到"按钮，打开素材。

（3）如图 2-62 所示，右击表格左上方的复选框按钮选中表格，单击"导入"按钮，弹出如图 2-63 所示的"导入数据"对话框，使用默认参数，数据放置位置 A1 单元格，单击"确定"按钮完成数据导入。

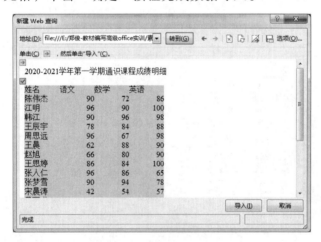

图 2-62　"新建 Web 查询"对话框　　　　图 2-63　"导入数据"对话框

（4）新建工作表，重命名为"专业课程成绩"。单击"数据"选项卡"获取外部数据"组中的"自文本"按钮，如图 2-64 所示，弹出"导入文本文件"对话框，找到素材所在目录并选中，单击"导入"按钮进入文本导入向导步骤。

（5）参照图 2-65、图 2-66、图 2-67 完成文本导入步骤。如图 2-68 所示，使用默认参数，数据放置位置 A1 单元格，设置完成单击"确定"按钮完成文本数据导入。

图 2-64 "导入文本文件"对话框

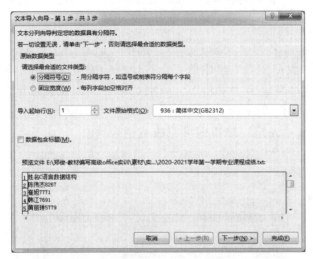

图 2-65 文本导入向导-第 1 步

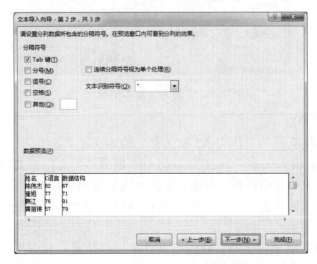

图 2-66 文本导入向导-第 2 步

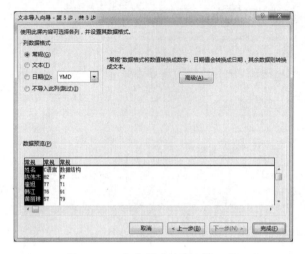

图 2-67　文本导入向导-第 3 步　　　　图 2-68　"导入数据"对话框

2．合并计算

新建工作表，重命名为"成绩汇总"。选中"成绩汇总"工作表 A2 单元格，单击"数据"选项卡"数据工具"组中的"合并计算"按钮，弹出"合并计算"对话框。如图 2-69 所示，设置函数为"求和"，分别选中"通识课程成绩"工作表 A1:D18，"专业课程成绩"工作表 A1:C18 单元格区域添加至引用位置，勾选"首行"、"最左列"标签位置，单击"确定"按钮即可完成数据合并。

图 2-69　"合并计算"对话框

3．设置单元格格式

（1）选中"成绩汇总"工作表 A2 单元格，输入文本"姓名"。选中"成绩汇总"工作表 A1 单元格，输入文本"2021 学年第一学期成绩汇总"，更改文字大小为 14。

（2）选中 A1:G1 单元格区域，右击，在弹出的快捷菜单中选择"设置单元格格式"命令，弹出"设置单元格格式"对话框，选择"对齐"选项卡，设置水平对齐为"跨列居中"。

（3）选中 A1:G1 单元格区域，通过"设置单元格格式"对话框中"填充"选项卡设置图案颜色为"绿色"，图案样式为"细 逆对角线 条纹"，选中 B1:F1 单元格区域，设置背景色"黄色"的底纹效果，选中 A2:G19 单元格区域，设置表格外边框"粗实线"，内边框"细实线"的表格边框效果（提示：题目要求设置适当的边框和底纹，也可自行设定。）

4．创建、编辑迷你图

（1）选中"成绩汇总"工作表 G2 单元格，输入文本"迷你图"。

（2）选中 G3 单元格，单击"插入"选项卡"迷你图"组中的"柱形"按钮，弹出"创建迷你图"对话框。如图 2-70 所示，拖动鼠标选择数据范围为 B3:F3 单元格区域，单击"确定"按钮插入柱形迷你图。

（3）选中 G3 单元格，单击"迷你图工具-设计"选项卡"样式"组中的"迷你图颜色"下拉按钮，如

图 2-70　"创建迷你图"对话框

图 2-71 所示，在展开的列表中选择主题颜色为"黑色，文字 1"。单击"标记颜色"下拉按钮，如图 2-72 所示，在展开的列表中选择"高点"，并设置标准色"绿色"（提示：此时，"显示"组中的"高点"复选框被勾选）。

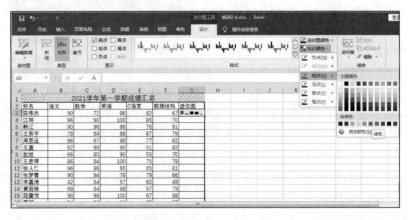

图 2-71　迷你图颜色设置

图 2-72　标记颜色设置

（4）利用填充柄将该列其他单元格区域迷你图填充完整。

5．创建三维簇状柱形图

（1）可选中 E 列数据区域的任意单元格，单击"数据"选项卡"排序和筛选"组中的"降序"按钮，完成 C 语言成绩的降序排序。

（2）选中 A2:F5 单元格区域，如图 2-73 所示，单击"插入"选项卡"图表"组中的"柱形图"下拉按钮，在展开的列表中选择"三维簇状柱形图"，插入图表。

（3）单击"图表工具–设计"选项卡"数据"组中的"切换行/列"按钮，将行标题切换到图例项（系列）。

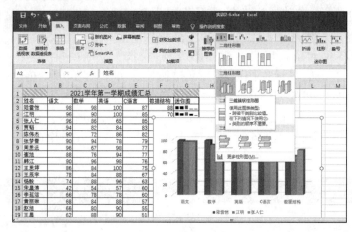

图 2-73　插入图表

（4）将鼠标指针置于图表区，当出现十字形箭头时，按住鼠标左键移动图表，使其左上角正好与 I2 单元格的左上角重合，然后将鼠标移动到图表区右下角，当出现斜双向箭头时，按住左键拖动鼠标，使图表区域的右下角与 O25 单元格内。

6．将指定数据添加到图表中

（1）选中图表，单击"图表工具–设计"选项卡"数据"组中的"选择数据"按钮；或者在图表上右击，在弹出的快捷菜单中选择"选择数据"命令。

（2）弹出"选择数据源"对话框后，选中"图例项（系列）"中"语文"，单击"编辑"按钮，弹出"编辑数据系列"对话框，单击"系列值"文本框右侧按钮，如图 2-74 所示，按【Ctrl】键选中工作表中 B17:B19 单元格区域，将 C 语言成绩后三

图 2-74　编辑数据系列

名学生的语文成绩添加至图表，单击图 2-74 文本框右侧按钮，返回"编辑数据系列"对话框，单击"确定"按钮即可。依次选中数学、英语、C 语言、数据结构，按照上述步骤添加 C 语言成绩后三名学生相应单元格区域成绩数据。

（2）此时，在"水平（分类）轴标签"下出现三个空白标签（提示：缺少 C 语言成绩后三名学生姓名数据），选中任意标签，单击"编辑"按钮，弹出"轴标签"对话框，单击"轴标签区域"文本框右侧按钮，如图 2-75 所示，按【Ctrl】键选中工作表中 A17:A19 单元格区域，单击图 2-75 文本框右侧按钮，返回"轴标签"对话框，

单击"确定"按钮完成 C 语言成绩后三名学生姓名数据的添加。图 2-76 为选择数据源图表数据区域设置。

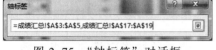

图 2-75 "轴标签"对话框 　　　　图 2-76 "选择数据源"对话框

7．删除指定数据成绩

将图 2-76 中"图例项（系列）"下"语文"和"英语"系列前的复选框按钮取消，单击"确定"按钮，完成语文和英语成绩数据的删除。

8．设置图表显示各科成绩

选中图表，单击"图表工具-设计"选项卡"图表布局"组中的"添加图表元素"下拉按钮，在展开的列表中选择"数据标签-其他数据标签选项"命令，Excel 操作界面右侧会弹出"设置数据标签格式"窗格，如图 2-77 所示，仅勾选"值"标签选项；单击图表区中标题文本框（默认图表标题位置为图表上方），在编辑栏中输入文本"成绩对比"即可更改图表标题名称。

9．设置图表填充效果

（1）在图表区右击，在弹出的快捷菜单中选择"设置图表区域格式"命令，Excel 操作界面右侧会弹出"设置图表区格式"窗格，如图 2-78 所示，在"填充"区域选择"渐变填充"单选按钮，在"预设渐变"下拉列表框中选择"浅色渐变-个性色 2"，其余默认设置。

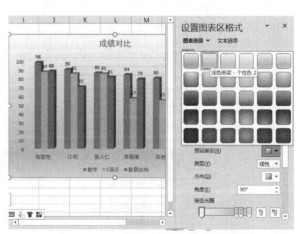

图 2-77 "设置数据标签格式"窗格 　　　图 2-78 "设置图表区格式"窗格

（2）单击图表的绘图区域，界面右侧切换至"设置图表区格式"窗格，如图 2-78 所示，在"填充"区域选择"图片或纹理填充"单选按钮，在"纹理"下拉列表框中选择"再生纸"，其余默认设置，单击窗格右上角"关闭"按钮关闭窗格。

【实训 2-7】

涉及的知识点

数据排序，自动筛选、高级筛选，分类汇总的创建，取消分级显示。

操作要求

（1）对"排序"工作表中的数据清单进行排序，使工龄按降序排列，当工龄相同时，按姓名笔画数升序排列。

（2）对"自动筛选"工作表中的数据清单进行自动筛选，需同时满足两个条件，条件 1：职称为讲师；条件 2：实发工资大于 2 500 并且小于 3 500。

（3）对"高级筛选"工作表中的数据清单进行高级筛选，查找性别为女且实发工资高于 3 000 元的讲师，以及性别为男且实发工资高于 4 000 元的副教授；将筛选条件置于起始位置为 A16 单元格的区域，将筛选结果置于起始位置为 A20 单元格的区域。

（4）对"分类汇总"工作表中的数据清单进行分类汇总，取消分级显示，汇总计算：

① 各职称教师的实发工资平均值。

② 各职称不同性别教师的实发工资平均值，汇总结果均显示在数据下方。

样张（见图 2-79 和图 2-80）

姓名	性别	职称	工龄	基本工资（元）	奖金（元）	公积金（元）	所得税（元）	实发工资（元）	收入状况
马尚昆	男	教授	32	4000	1375	675	11	2317	中
张洪磊	女	教授	32	4375	1500	941	144	4689	低
李秀洪	女	讲师	27	3125	1000	726	169	4790	高
苏胡圆	女	讲师	24	3250	1088	702	41	2650	高
刘志文	女	副教授	22	3650	1375	724	83	3515	低
孙红雷	男	讲师	18	3188	975	617	31	2538	中
李晓明	男	讲师	17	2625	688	536	126	4218	中
秦铁汉	男	讲师	17	2500	625	495	92	3595	低
王庆红	男	副教授	16	3500	1163	628	108	3926	中
张昭阳	男	助教	8	2250	563	374	16	2423	中
李清华	女	助教	4	2100	488	304	4	2279	低
罗国庆	女	讲师	4	2188	525	315	81	3230	高

图 2-79　实训 2-7 样张（1）

姓名	性别	职称	工龄	基本工资（元）	奖金（元）	公积金（元）	所得税（元）	实发工资（元）	收入状况
李秀洪	女	讲师	27	3125	1000	726	81	3318	中
秦铁汉	男	讲师	17	2500	625	495	31	2599	低
李晓明	男	讲师	17	2625	688	536	41	2736	低
孙红雷	男	讲师	18	3188	975	617	83	3463	中

图 2-80　实训 2-7 样张（2）

姓名	性别	职称	工龄	基本工资(元)	奖金(元)	公积金(元)	所得税(元)	实发工资(元)	收入状况
张洪磊	女	教授	32	4375	1500	941	169	4765	高
李秀洪	女	讲师	27	3125	1000	726	81	3318	中
罗国庆	女	讲师	4	2188	525	315	11	2387	低
秦铁汉	男	讲师	17	2500	625	495	31	2599	低
李晓明	男	讲师	17	2625	688	536	41	2736	低
刘志文	男	副教授	22	3650	1375	724	126	4175	高
苏胡圆	女	讲师	24	3250	1088	702	92	3544	中
孙红雷	男	讲师	18	3188	975	617	83	3463	中
王庆红	男	副教授	16	3500	1163	628	108	3926	中
张昭阳	男	助教	8	2250	563	374	16	2423	低
李清华	女	助教	4	2100	488	304	4	2279	低
马尚昆	男	教授	32	4000	1375	675	144	4556	高

性别	职称	实发工资(元)
女	讲师	>3000
男	副教授	>4000

姓名	性别	职称	工龄	基本工资(元)	奖金(元)	公积金(元)	所得税(元)	实发工资(元)	收入状况
李秀洪	女	讲师	27	3125	1000	726	81	3318	中
刘志文	男	副教授	22	3650	1375	724	126	4175	高
苏胡圆	女	讲师	24	3250	1088	702	92	3544	中

图 2-81　实训 2-7 样张（3）

姓名	性别	职称	工龄	基本工资(元)	奖金(元)	公积金(元)	所得税(元)	实发工资(元)	收入状况
王庆红	男	副教授	16	3500	1163	628	108	3926	中
男 平均值								3926	
刘志文	女	副教授	22	3650	1375	724	126	4175	高
女 平均值								4175	
副教授 平均值								4051	
秦铁汉	男	讲师	17	2500	625	495	31	2599	低
李晓明	男	讲师	17	2625	688	536	41	2736	低
孙红雷	男	讲师	18	3188	975	617	83	3463	中
男 平均值								2933	
李秀洪	女	讲师	27	3125	1000	726	81	3318	中
罗国庆	女	讲师	4	2188	525	315	11	2387	低
苏胡圆	女	讲师	24	3250	1088	702	92	3544	中
女 平均值								3083	
讲师 平均值								3008	
马尚昆	男	教授	32	4000	1375	675	144	4556	高
男 平均值								4556	
张洪磊	女	教授	32	4375	1500	941	169	4765	高
女 平均值								4765	
教授 平均值								4661	
张昭阳	男	助教	8	2250	563	374	16	2423	低
男 平均值								2423	
李清华	女	助教	4	2100	488	304	4	2279	低
女 平均值								2279	
助教 平均值								2351	
总计平均值								3348	

图 2-82　实训 2-7 样张（4）

操作步骤

1. 数据排序

（1）选定"排序"工作表中的数据清单 A2:J14 单元格区域，或者选定数据清单内任意单元格，单击"开始"选项卡"编辑"组中的"排序和筛选"下拉按钮，在展开的列表中选择"自定义排序"命令，或者单击"数据"选项卡"排序和筛选"组中的"排序"按钮，此时数据清单区域被全选，同时弹出"排序"对话框。

（2）如图 2-83 所示，设置"主要关键字"为"工龄"，"排序依据"为"数值"，"次序"为"降序"；单击"添加条件"按钮，设置"次要关键字"为"姓名"，"排序依据"为"数值"，"次序"为"升序"，单击"选项"按钮，弹出"排序选项"对话框，如图 2-84 所示，将"方法"设置为"笔划排序"，单击"确定"按钮，返回"排序"对话框,单击"确定"按钮。

图 2-83 "排序"对话框 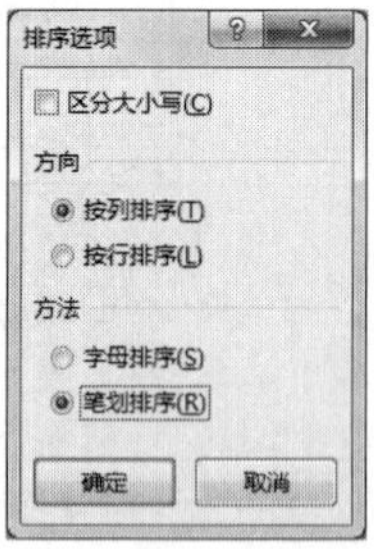 图 2-84 "排序选项"对话框

2．自动筛选

（1）选定"自动筛选"工作表中的 A2:J14 单元格区域,或者选定数据清单内任意单元格,单击"开始"选项卡"编辑"组中的"排序和筛选"下拉按钮,在展开的列表中选择"筛选"命令,或者单击"数据"选项卡"排序和筛选"组中的"筛选"按钮,此时数据清单的列标题全部添加了下拉列表框。

（2）打开"职称"下拉列表框,如图 2-85 所示,仅选中"讲师"复选框,单击"确定"按钮。

图 2-85 自动筛选-"职称"下拉列表

（3）打开"实发工资（元）"下拉列表框,如图 2-86 所示,选择"数字筛选"→"自定义筛选"命令,弹出"自定义自动筛选方式"对话框。

图 2-86 自动筛选-"实发工资（元）"下拉列表

（4）如图 2-87 所示，设置实发工资"大于""2500""与""小于""3500"，单击"确定"按钮。

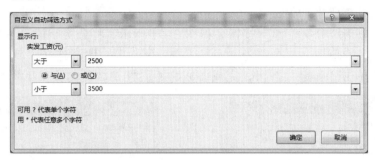

图 2-87 "自定义自动筛选方式"对话框

3．高级筛选

（1）如图 2-88 所示，将"高级筛选"工作表中的列标题"性别""职称""实发工资（元）"依次复制粘贴至 A16:C16 单元格区域，并依照筛选条件将对应的内容输入 A17:C18 单元格区域，注意">"应在西文字符输入法下输入。（提示：如果要筛选的数据条件复杂，无法通过自动筛选进行设置时，可使用高级筛选进行数据筛选。）

图 2-88 高级筛选条件设置

（2）单击"数据"选项卡"排序和筛选"组中的"高级"按钮，弹出"高级筛选"对话框，如图 2-89 所示，在"方式"下选中"将筛选结果复制到其他位置"单选按钮，光标置于"列表区域"文本框中，拖动鼠标在工作表中选取 A2:J14 单元格区域；将"条件区域"设置为 A16:C18 单元格区域，将"复制到"设置为 A20 单元格，单击"确定"按钮。

图 2-89 高级筛选对话框

4．分类汇总与取消分级显示

（1）打开"分类汇总"工作表，按主要关键字"职称"、次要关键字"性别"对数据清单进行排序，次序设置为升序（或者降序）。

（2）选中数据清单内任意单元格，单击"数据"选项卡"分级显示"组中的"分类汇总"按钮，弹出"分类汇总"对话框，如图 2-90 所示，选择分类字段为"职称"，汇总方式为"平均值"，汇总项为"实发工资（元）"，单击"确定"按钮，完成各职称教师的实发工资平均值汇总。

（3）再次单击"分类汇总"按钮，如图 2-91 所示，将分类字段设置为"性别"，汇总方式为"平均值"，汇总项为"实发工资（元）"，取消选择"替换当前分类汇总"复选框，单击"确定"按钮，完成各职称不同性别教师的实发工资平均值汇总。

图 2-90　分类汇总对话框（1）　　　图 2-91　分类汇总对话框（2）

（4）单击"数据"选项卡"分级显示"组中的"取消组合"下拉按钮，在展开的列表选项中选择"清除分级显示"命令。

【实训 2-8】

涉及的知识点

单元格格式设置，套用表格格式，公式与函数，自定义序列，数据排序，数据透视表，数据透视图，图表对象编辑。

操作要求

（1）将"销售情况"工作表的第一行根据表格实际情况合并居中为一个单元格，并设置合适的字体、字号，使其成为该工作表的标题。对销售数据区域套用带标题行的"白色，表样式中等深浅 15"的表格格式。设置所有列的对齐方式为居中，其中销售量（件）为整数，单价（元）的数值保留 1 位小数。

（2）利用公式与函数，计算总销售额（元）并对总销售额进行四舍五入（到十位）。

（3）对工作表内数据清单的内容按主要关键字"年级"的递增次序（初一年级，初二年级，初三年级）和次要关键字"商品名称"的笔画升序次序进行排序。

（4）根据"销售情况"工作表，创建一个数据透视表，放置于表名为"数据分析"的新工作表中，工作表标签颜色设置为红色。要求数据透视表中汇总各个年级平时的文具、电子产品的总销售量和总销售额情况，其中行标签为年级，对行和列禁用总计。

（5）在"数据分析"工作表中，针对文具和电子产品的总销售量和总销售额情况创建组合图表，总销售量为折线图，总销售额为柱形图，其中水平标签为年级，并将图表放置在表格下方的 A9:C22 区域中。

样张（见图 2-92 和图 2-93）

年级	商品名称	时间	销售量（件）	单价（元）	总销售额（元）
\	\	勤工俭学销售情况统计表	\	\	\
初一年级	文具	寒假	302	20.2	6090
初一年级	文具	平时	411	20.2	8280
初一年级	文具	暑期	612	20.2	12330
初一年级	电子产品	寒假	504	54.0	27220
初一年级	电子产品	平时	707	54.0	38180
初一年级	电子产品	暑期	1203	54.0	64960
初一年级	纪念品	寒假	415	10.2	4250
初一年级	纪念品	平时	808	10.2	8270
初一年级	纪念品	暑期	1001	10.2	10240
初一年级	运动服	寒假	102	80.0	8160
初一年级	运动服	暑期	303	80.0	24240
初一年级	运动服	平时	309	80.0	24720
初二年级	文具	寒假	315	20.2	6350
初二年级	文具	平时	432	20.2	8700
初二年级	文具	暑期	680	20.2	13700
初二年级	电子产品	寒假	518	54.0	27970
初二年级	电子产品	平时	728	54.0	39310
初二年级	电子产品	暑期	1206	54.0	65120
初二年级	纪念品	寒假	455	10.2	4650
初二年级	纪念品	平时	821	10.2	8400
初二年级	纪念品	暑期	1085	10.2	11100
初二年级	运动服	寒假	125	80.0	10000
初二年级	运动服	平时	307	80.0	24560
初二年级	运动服	暑期	312	80.0	24960
初三年级	文具	寒假	324	20.2	6530
初三年级	文具	平时	399	20.2	8040
初三年级	文具	暑期	589	20.2	11870
初三年级	电子产品	寒假	453	54.0	24460
初三年级	电子产品	平时	785	54.0	42390
初三年级	电子产品	暑期	1132	54.0	61130
初三年级	纪念品	寒假	388	10.2	3970
初三年级	纪念品	平时	869	10.2	8890
初三年级	纪念品	暑期	1100	10.2	11250
初三年级	运动服	寒假	98	80.0	7840
初三年级	运动服	暑期	311	80.0	24880
初三年级	运动服	平时	354	80.0	28320

图 2-92 实训 2-8 样张（1）

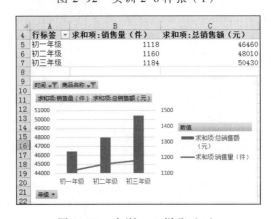

图 2-93 实训 2-8 样张（2）

操作步骤

1．设置单元格格式

（1）选中"销售情况"工作表 A1:F1 单元格区域，单击"开始"选项卡"对齐方式"组中的"合并后居中"下拉按钮，在展开的列表中选择"合并后居中"命令。

（2）选中 A1 单元格，通过"开始"选项卡"字体"组中的"字体"和"字号"下拉按钮选项，更改字体为"黑体"，字号大小为"14"。（提示：题目要求设置适当字体、字号，也可自行设定。）

（3）选中 A2:F38 单元格区域，单击"开始"选项卡"样式"组中的"套用表格格式"下拉按钮，在展开的列表中单击"表样式中等深浅 15"选项，弹出"套用表格式"对话框，如图 2-94 所示，使用默认设置，勾选"表包含标题"复选框，单击"确定"按钮。

图 2-94　套用表格式对话框

（4）选中 A2:F38 单元格区域，单击"开始"选项卡"对齐方式"组中的"居中"按钮。选中 D3:D38 单元格区域，两次单击"开始"选项卡"数字"组中的"减少小数位数"按钮设置数值为整数。选中 E3:E38 单元格区域，通过单击"开始"选项卡"数字"组中的"增加小数位数"和"减少小数位数"按钮设置数值保留 1 位小数。

2．运用 ROUND 函数

选定"销售情况"工作表中的 F3 单元格，输入公式"=ROUND((E3*D3),–1)"（提示：上题中通过设置表格样式的方法已将数据的格式设置为表格。本题输入公式时，如通过单击单元格的方式引用地址时，实际公式为"=ROUND(([@单价(元)]*[@销售量(件)]),–1)"，按【Enter】键确认输入，表格中 F 列其他单元格会自动填充完成）。

3．自定义序列与数据排序

（1）单击"文件"选项卡中的"选项"命令，如图 2-95 所示，弹出"Excel 选项"对话框，选择"高级"选项，单击"编辑自定义列表"按钮。

图 2-95　"Excel 选项"对话框

（2）如图 2-96 所示，在弹出的"自定义序列"对话框中添加新的序列"初一年级，初二年级，初三年级"。

图 2-96 "自定义序列"对话框

（3）选定"销售情况"工作表中的数据清单内的任意单元格，单击"数据"选项卡"排序和筛选"组中的"排序"按钮，此时数据清单区域被全选，同时弹出"排序"对话框。

图 2-97 "排序"对话框

（4）如图 2-97 所示，设置"主要关键字"为"年级"，"排序依据"为"单元格值"，"次序"为"自定义序列"中的"初一年级，初二年级，初三年级"；单击"添加条件"按钮，设置"次要关键字"为"商品名称"，"排序依据"为"单元格值"，"次序"为"升序"，单击"选项"按钮，弹出"排序选项"对话框，将"方法"设置为"笔划排序"，单击"确定"按钮，返回到"排序"对话框，单击"确定"按钮。

4．数据透视表

（1）选定"销售情况"工作表中的数据清单内的任意单元格，单击"插入"选项卡"表格"组中的"数据透视表"按钮，弹出"创建数据透视表"对话框，按照图 2-98 所示设置数据区域和数据透视表放置位置，单击"确定"按钮。

图 2-98 "创建数据透视表"对话框

（2）修改新工作表名"数据分析"。右击工作表标签，在弹出的快捷菜单中选择"工作表标签颜色"命令，设置工作表标签颜色为标准色"红色"。

（3）如图 2-99 所示，在右侧的"数据透视表字段"窗格中，"选择要添加到报表的字段"列表框中选择相应的字段名，将各字段拖动到对应的"筛选"、"行"、"列"、"值"区域。

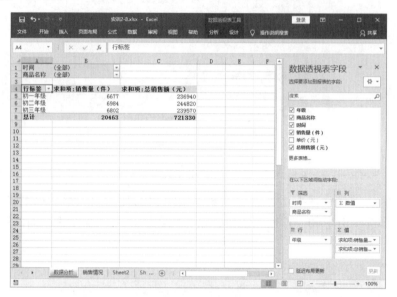

图 2-99　"数据透视表字段"窗格

（4）在数据透视表的"筛选"区域，按照图 2-100 所示，分别筛选出时间为"平时"，商品名称为"电子产品"和"文具"的数据。

（5）选中数据透视表的任意单元格，单击"数据透视表工具-设计"选项卡"布局"组中的"总计"下拉列表，在展开的列表中单击"对行和列禁用"选项。

5. 数据透视图与图表对象编辑

（1）选中数据透视表的任意单元格，单击"插入"选项卡"图表"组中的"数据透视图"下拉

图 2-100　筛选设置

列表，在展开的列表中单击"数据透视图"命令，弹出"更改图表类型"对话框。

（2）如图 2-101 所示，选择图表类型为"组合图"，设置求和项:销售量（件）图表类型为"折线图"，勾选次坐标轴，求和项:总销售额（元）图表类型为"簇状柱形图"，单击"确定"按钮。

（3）为了让数据的呈现更加清晰，可以通过修改坐标轴边界，本题中可以适当修改次坐标轴（销售量）边界，可通过单击"数据透视图工具-设计"选项卡"图表布局"组中的"添加图表元素"下拉按钮，在展开的列表中选择"坐标轴-更多轴选项"，Excel 界面右侧弹出"设置坐标轴格式"窗格，单击"坐标轴选项"下拉按钮，在展

开的列表中选择"次坐标轴 垂直（值）轴"选项，如图 2-102 所示，设置最小值 1 100，最大值 1 500。

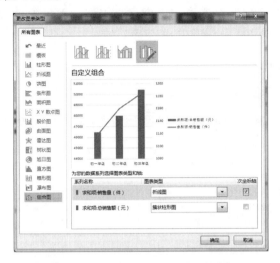

图 2-101 "更改图表类型"对话框　　　　图 2-102　设置坐标轴选项窗格

（4）利用鼠标拖动的方式移动图表至 A9:C22 单元格区域。

【实训 2-9】

涉及的知识点

模拟分析（单变量求解、模拟运算表、方案管理器等）。

操作要求

（1）已知员工拿到的实际工资是扣除个人所得税后的金额，假设小张税后收入为 8 000 元，试用数据分析工具求取税前工资，在"单变量求解"工作表中完成相关操作。其中，个人所得税的计算公式为：

"MAX((A3–3500)*0.05*{1,2,3,4,5,6,7,8,9}–25*{0,1,5,15,55,135,255,415,615},0)"

（2）在"实训 2-9.xlsx"的"模拟运算表"工作表中创建如图 2-104 所示的九九乘法表。

（3）已知某学校计划调整教师工资，预计每月工资发放从 300 万元增加至 350 万元，人事部门制作了表 2-1 所示的 3 套方案供领导抉择。

表 2-1　各方案调整系数

职　称	方案一系数	方案二系数	方案三系数
教授	6	5	4
副教授	5	4	3
讲师	3	2.5	2
助教	1	1	1

各职称目前人数为：

教授：40 人，副教授：80 人，讲师：120 人，助教：90 人。

试在“实训 2-9.xlsx”中的“方案管理器”工作表中完成该工资调整方案的分析，并生成图 2-105 所示的方案摘要。

样张（见图 2-103 ~ 图 2-105）

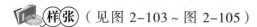

求取税前工资		
税前收入	个人所得税	税后收入
¥8,656.25	¥656.25	¥8,000.00

图 2-103　实训 2-9 样张（1）

九九乘法表									
	1	2	3	4	5	6	7	8	9
1	1×1=1								
2	1×2=2	2×2=4							
3	1×3=3	2×3=6	3×3=9						
4	1×4=4	2×4=8	3×4=12	4×4=16					
5	1×5=5	2×5=10	3×5=15	4×5=20	5×5=25				
6	1×6=6	2×6=12	3×6=18	4×6=24	5×6=30	6×6=36			
7	1×7=7	2×7=14	3×7=21	4×7=28	5×7=35	6×7=42	7×7=49		
8	1×8=8	2×8=16	3×8=24	4×8=32	5×8=40	6×8=48	7×8=56	8×8=64	
9	1×9=9	2×9=18	3×9=27	4×9=36	5×9=45	6×9=54	7×9=63	8×9=72	9×9=81

图 2-104　实训 2-9 样张（2）

方案摘要				
	当前值：	方案一	方案二	方案三
可变单元格：				
教授	4	6	5	4
副教授	3	5	4	3
讲师	2	3	2.5	2
助教	1	1	1	1
结果单元格：				
$D$3	¥19,178.08	¥19,266.06	¥19,230.77	¥19,178.08
$D$4	¥14,383.56	¥16,055.05	¥15,384.62	¥14,383.56
$D$5	¥9,589.04	¥9,633.03	¥9,615.38	¥9,589.04
$D$6	¥4,794.52	¥3,211.01	¥3,846.15	¥4,794.52

注释：“当前值”这一列表示的是在
建立方案汇总时，可变单元格的值。
每组方案的可变单元格均以灰色底纹突出显示。

图 2-105　实训 2-9 样张（3）

操作步骤

1. 单变量求解

（1）在工作表“单变量求解”的 B3 单元格中输入个人所得税的计算公式“=MAX((A3-3500)*0.05*{1,2,3,4,5,6,7,8,9}-25*{0,1,5,15,55,135,255,415,615},0)”，再在 C3 单元格中输入公式“=A3-B3”完成准备工作。

（2）选中 C3 单元格，单击“数据”选项卡“预测”组中的“模拟分析”下拉按钮，在展开的列表中单击选择“单变量求解”选项。在弹出的“单变量求解”对话框中输入相关数值。如图 2-106 所示，本题中，目标值是“8000”，可变单元格是“A3”，即税后收入 8 000 对应的税前收入的单元格，单击“确定”按钮。

（3）如图 2-107 所示，在弹出的“单变量求解状态”对话框中会显示具体求解状态，单击“确定”按钮后即在 A3 单元格中显示税后收入 8 000 对应的税前收入。

图 2-106 "单变量求解"对话框　　　　　图 2-107 单变量求解结果

2．模拟运算表

（1）"模拟运算表"工作表 B2:J2 和 A3:A11 单元格区域已输入了数字 1～9，可用于单元格的引用。如图 2-108 所示，在需要创建模拟运算表区域的第 1 行第 1 列，即 A2 单元格中输入公式"=IF(A12>A13,"",A12&"×"&A13&"="&A12*A13)"。其中，A12 为"引用行的单元格"，即 B2:J2 单元格；A13 为"引用列的单元格"，即 A3:A11 单元格。（提示：样张中九九乘法表呈三角形显示，除了需要显示计算结果，还需要将计算公式以文本的方式显示。）

（2）选择需要创建模拟运算表的 A2:J11 单元格区域，单击"数据"选项卡"预测"组中"模拟分析"下拉按钮，在展开的列表中单击选择"模拟运算表"命令，弹出"模拟运算表"对话框，如图 2-109 所示，输入引用行和列的单元格"$A$12"和"$A$13"。

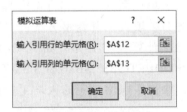

图 2-108 输入公式　　　　　图 2-109 "模拟运算表"对话框

（3）单击"确定"按钮，在 A2:J11 区域即会自动创建出九九乘法表。如图 2-110 所示，单击区域中的任意单元格，编辑栏显示的公式始终都是"{=TABLE(A12,A13)}"。

图 2-110 运算结果

117

（4）为了和样张保持一致，需要将 A2 单元格中的公式显示的结果隐藏。右击 A2 单元格，在弹出的快捷菜单中选择"设置单元格格式"命令，在弹出的"设置单元格格式"对话框中，选择"数字"选项卡，如图 2-111 所示，在"分类"中选择"自定义"，在"类型"中输入 3 个半角分号"；；；"，再单击"确定"按钮，完成对单元格内容的隐藏。

图 2-111　自定义单元格格式以隐藏单元格内容

3．方案管理器

（1）填充系数。在"方案管理器"工作表，选取 3 个方案中的一个调整系数，如方案一，填入工资调整方案的系数中，即 B3:B6 单元格区域。

（2）计算人均工资。如图 2-112 所示，在 D3 单元格中输入公式"=3500000/SUMPRODUCT($B$3:$B$6,$C$3:$C$6)*B3"，再在 D3:D6 单元格区域利用填充柄复制公式，取得各职称对应的人均工资。

D3			fx	=3500000/SUMPRODUCT($B$3:$B$6,$C$3:$C$6)*B3				
	A	B	C	D	E	F	G	H	I
1	工资调整方案					各方案调整系数			
2	职称	系数	人数	人均工资		职称	方案一系数	方案二系数	方案三系数
3	教授	6	40	¥19,266.06		教授	6	5	4
4	副教授	5	80	¥16,055.05		副教授	5	4	3
5	讲师	3	120	¥9,633.03		讲师	3	2.5	2
6	助教	1	90	¥3,211.01		助教	1	1	1

图 2-112　计算人均工资

（3）定义名称。选中 A3:B6 单元格区域，单击"公式"选项卡"定义的名称"组中的"根据所选内容创建"按钮，弹出"根据所选内容创建名称"对话框，如图 2-113 所示，勾选"最左列"复选框。（提示：通过名称的定义，使系数和各职称相匹配，在后续为方案变量值赋值时，单元格显示定义的名称而不是单元格编号。定义好的名称可以在"公式"选项卡"定义的名称"组的"名称管理器"中查看。）

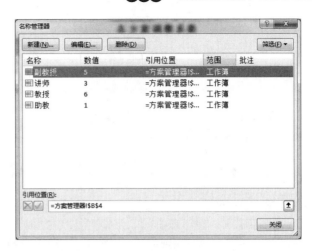

图 2-114 "名称管理器"对话框

图 2-113 "根据所选内容
创建名称"对话框

（4）添加方案。单击"数据"选项卡"预测"组中的"模拟分析"下拉按钮，在展开的列表中单击选择"方案管理器"命令，弹出"方案管理器"对话框，如图 2-115 所示，单击"添加"按钮。

（5）编辑方案。如图 2-116 所示，在弹出的"编辑方案"对话框中输入方案名"方案一"，"可变单元格"为系数所在的单元格，即 B3:B6，然后单击"确定"按钮。如果可变单元格是通过鼠标选取的，则对话框名字会显示为"编辑方案"，且单元格自动变成绝对引用。

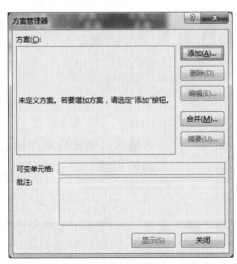

图 2-115 "方案管理器"对话框

图 2-116 "编辑方案"对话框

（6）为方案变量赋值。如图 2-117 所示，在弹出的"方案变量值"对话框中，根据题目给出的方案系数，为可变单元格赋值。

（7）重复步骤（4）~（6），建立方案二和方案三，如图 2-118 所示。

图 2-117 "方案变量值"对话框　　　　图 2-118 方案添加完成

（8）显示。单击"方案管理器"对话框中的方案，然后单击"显示"按钮，在工资调整方案中就会出现各方案下各职称的平均工资变化。

（9）生成方案摘要。在"方案管理器"对话框中单击"摘要"按钮，如图 2-119 所示，在弹出的"方案摘要"对话框中选择报表类型和结果单元格。单击"确定"按钮后，Excel会在当前工作表之前自动插入"方案摘要"工作表，显示各方案下的比较结果。

图 2-119 方案摘要对话框

2.2　综合练习

【综合练习 2-1】

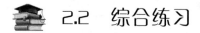

涉及的知识点

单元格数据的输入，单元格格式设置，条件格式，公式的输入，单元格地址的引用，函数的应用（IF），创建图表、图表对象编辑、分类汇总的创建。

操作要求

（1）在 Sheet1 工作表的 A1 单元格中加上标题"期末成绩"；将 A1:F1 单元格合并为一个单元格，内容水平居中；将标题字体设为隶书，20 磅，加粗，标准色|蓝色；设置第 1 行为最合适行高；为表格添加边框：将 A2:F19 外框设置成双实线，内部为细单实线。

（2）按 Excel 样张"综合练习 2-1 样张 1.jpg"，利用公式计算各学生的"平均分"，平均分=（语文成绩+数学成绩+英语成绩）/3，不显示小数；使用 IF 函数，计算学生成绩的"等级"，规则如下：平均分≥90 显示为"优秀"，平均分≥60 显示为"良好"，其他显示"不合格"。

（3）将等级为“优秀”的单元格文字字体设置为深蓝、加粗，填充图案颜色为“标准色|浅绿”，图案样式为 25%灰色。

（4）按样张“综合练习 2-1 样张 1.jpg”选取相关数据创建“簇状柱形图”图表，图表标题为“成绩”，图例位于底部；设置图表区格式为渐变填充“中等渐变-个性色 6”、“线性向右”的效果，将图表移动到工作表 A21:F34 单元格区域。

（5）将 Sheet1 工作表的 A2:F19 区域内的数据复制到 Sheet2 工作表中；按样张“综合练习 2-1 样张 2.jpg”，对 Sheet2 的数据进行分类汇总，按成绩的等级分类统计各个等级的人数，调整各列宽度为最合适列宽。

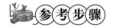

样张（见图 2-120 和图 2-121）

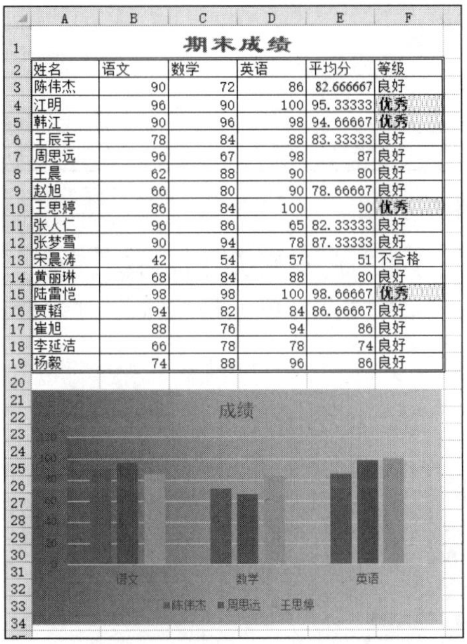

期末成绩

姓名	语文	数学	英语	平均分	等级
陈伟杰	90	72	86	82.666667	良好
江明	96	90	100	95.33333	优秀
韩江	90	96	98	94.66667	优秀
王辰宇	78	84	88	83.33333	良好
周思远	96	67	98	87	良好
王晨	62	88	90	80	良好
赵旭	66	80	90	78.66667	良好
王思婷	86	84	100	90	优秀
张人仁	96	86	65	82.33333	良好
张梦雪	90	94	78	87.33333	良好
宋晨涛	42	54	57	51	不合格
黄丽琳	68	84	88	80	良好
陆雷恺	98	98	100	98.66667	优秀
贾韬	94	82	84	86.66667	良好
崔旭	88	76	94	86	良好
李延洁	66	78	78	74	良好
杨毅	74	88	96	86	良好

图 2-120　综合练习 2-1 样张 1

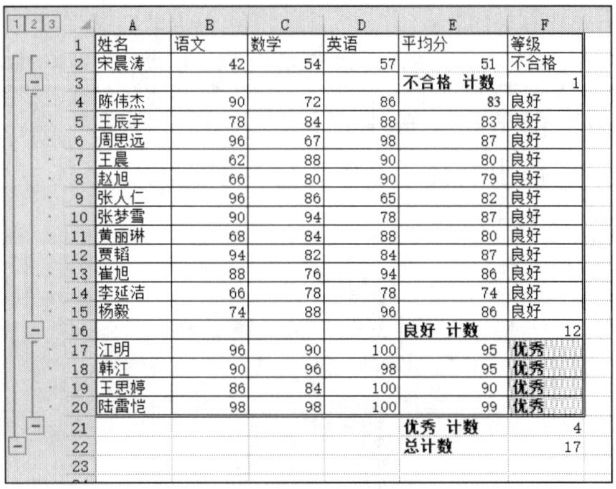

姓名	语文	数学	英语	平均分	等级
宋晨涛	42	54	57	51	不合格
				不合格 计数	1
陈伟杰	90	72	86	83	良好
王辰宇	78	84	88	83	良好
周思远	96	67	98	87	良好
王晨	62	88	90	80	良好
赵旭	66	80	90	79	良好
张人仁	96	86	65	82	良好
张梦雪	90	94	78	87	良好
黄丽琳	68	84	88	80	良好
贾韬	94	82	84	87	良好
崔旭	88	76	94	86	良好
李延洁	66	78	78	74	良好
杨毅	74	88	96	86	良好
				良好 计数	12
江明	96	90	100	95	优秀
韩江	90	96	98	95	优秀
王思婷	86	84	100	90	优秀
陆雷恺	98	98	100	99	优秀
				优秀 计数	4
				总计数	17

图 2-121　综合练习 2-1 样张 2

参考步骤

1．公式和函数

（1）利用公式计算平均分：选中 E3 单元格，输入公式“=（B3+C3+D3)/3”，按【Enter】键确认输入；复制 E3 单元格内容，选中 E4:E19 单元格区域并右击，在弹出的快捷菜单中选择“粘贴选项”下的“公式”选项仅粘贴公式。

（2）利用 IF 函数计算等级：选中 F3 单元格，输入函数“=IF(E3>=90,"优秀",IF(E3>=60,"良好","不合格"))”，按【Enter】键确认输入；复制 F3 单元格内容，选中 F4:F19 单元格区域并右击，在弹出的快捷菜单中选择“粘贴选项”下的“公式”选项仅粘贴公式。

2．设置条件格式

（1）选中 F 列，单击“开始”选项卡“样式”组的“条件格式”按钮，在弹出的下拉菜单中选择"突出显示单元格规则"的"等于"命令，如图 2-122 所示。

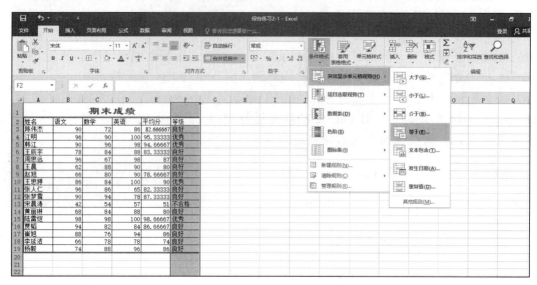

图 2-122　设置条件格式的界面

（2）在弹出的"等于"对话框的左边填写"等于"的规则为"优秀"，在"设置为"的下拉菜单中选择"自定义格式"命令，弹出"设置单元格格式"对话框；在对话框中选择"字体"选项卡，设置字体颜色为"标准色|深蓝"，字形为"加粗"，如图 2-123 所示。

图 2-123　"设置单元格格式"对话框

（3）在"设置单元格格式"对话框中选择"填充"选项卡，单击"图案颜色"的下拉菜单选择"标准色|浅绿"，单击"图案"样式的下拉菜单选择"25%灰色"图案，如图 2-124 所示，单击"确定"按钮完成单元格格式的设置，回到"等于"对话框，单击"确定"按钮完成 F 列条件格式的设置。

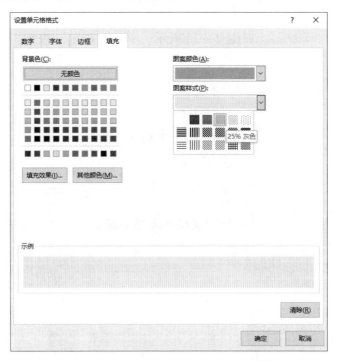

图 2-124 "设置单元格格式"的设置填充颜色的界面

3．创建图表

（1）按住【Ctrl】键的同时依次选择"陈伟杰"、"周思远"和"王思婷"3 人的语文、数学和英语成绩，如图 2-125 所示。

	A	B	C	D	E	F
1			期末成绩			
2	姓名	语文	数学	英语	平均分	等级
3	陈伟杰	90	72	86	82.666667	良好
4	江明	96	90	100	95.33333	优秀
5	韩江	90	96	98	94.66667	优秀
6	王辰宇	78	84	88	83.33333	良好
7	周思远	96	67	98	87	良好
8	王晨	62	88	90	80	良好
9	赵旭	66	80	90	78.66667	良好
10	王思婷	86	84	100	90	优秀
11	张人仁	96	86	65	82.33333	良好
12	张梦雪	90	94	78	87.33333	良好
13	宋晨涛	42	54	57	51	不合格
14	黄丽琳	68	84	88	80	良好
15	陆雷恺	98	98	100	98.66667	优秀
16	贾韬	94	82	84	86.66667	良好
17	崔旭	88	76	94	86	良好
18	李延洁	66	78	78	74	良好
19	杨毅	74	88	96	86	良好
20						

图 2-125 图表数据选择的界面

（2）单击"插入"选项卡"图表"组的"插入柱形图或条形图"按钮，在弹出的下拉菜单中单击"二维柱形图"下的"簇状柱形图"按钮创建图表。

4．分类汇总

将 Sheet2 工作表中的数据清单按"等级"升序（或降序）排序；单击 Sheet2 数据清单的任意位置，单击"数据"选项卡"分级显示"组中的"分类汇总"按钮，在弹出的"分类汇总"对话框中设置"分类字段"为"等级"，"汇总方式"为"计数"，"选定汇总项"为"等级"，如图 2-126 所示，单击"确定"按钮完成分类汇总。

图 2-126　"分类汇总"对话框

涉及的知识点

单元格数据的输入，单元格格式设置，自动套用表格格式，公式的输入，函数的应用（AVERAGE），条件格式，数据排序、高级筛选，创建图表、图表对象编辑。

操作要求

（1）将 Sheet1 工作表的标题"新生入学体检指标报告"设置为在 A1:G1 跨列居中；A1 和 G1 单元格填充色设置为"标准色|浅蓝"，为 G2 单元格添加批注，内容为"体质指数（BMI）=体重（公斤）÷身高（米）^2"，显示批注。

（2）按样张"综合练习 2-2 样张 1.jpg"，在"BMI 指数"列，使用公式计算每位学生的 BMI［BMI=体重（公斤）÷身高（米）^2］，显示 1 位小数；为"BMI 指数"添加条件格式："绿-白色阶"的色阶样式。

（3）为表格区域 A2:G20 套用表格格式"玫瑰红，表样式浅色 3"。

（4）如样张"综合练习 2-2 样张 1.jpg"所示，将数据按性别排序，在表格下方 D22:E23 分别计算男生和女生的平均身高和平均体重，不显示小数。

（5）如样张"综合练习 2-2 样张 1.jpg"所示，利用高级筛选，在区域 A26:D28 中设置筛选条件，将符合条件"身高高于 175、体重高于 65 公斤的男生"和"心率高于 80 的女生"的数据放置起始位置为 A30 单元格区域。

（6）如样张"综合练习 2-2 样张 2.jpg"所示，在新工作表中创建独立图表，图表类型为"簇状柱形图"，系列为"身高（厘米）"，分类轴标签为男女生的平均值，图表标题为"男女生平均身高"，图表显示数据标签和图例，设置图表样式为"样式 14"。

样张（见图 2-127 和图 2-128）

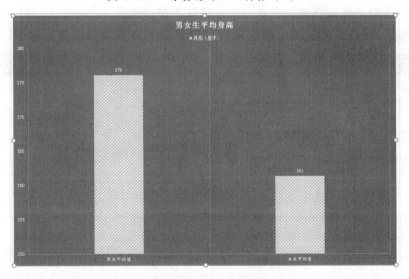

图 2-127 综合练习 2-2 样张（1）

图 2-128 综合练习 2-2 样张（2）

参考步骤

1. 设置跨列居中

选中 A1:G1 单元格区域并右击，在弹出的菜单中选择"设置单元格格式"命令，在弹出的"设置单元格格式"对话框中选择"对齐"选项卡，在文本对齐方式"水平对齐"的下拉菜单中选择"跨列居中"选项，如图 2-129 所示。

图 2-129 "设置单元格格式"对话框

2. 运用公式计算每位学生的 BMI

选中 G3 单元格，输入公式"=E3/(D3/100)^2"，利用填充柄自动填充 G 列其他相关单元格的公式。

3. 设置条件格式

选中第 G 列，单击"开始"选项卡"样式"组的"条件格式"按钮，在弹出的下拉菜单中选择"色阶"的"绿-白色阶"，如图 2-130 所示。

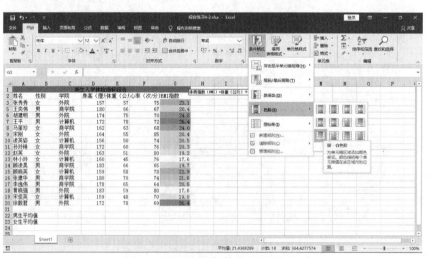

图 2-130 设置条件格式的界面

4. 运用 AVERAGE 函数计算平均身高和平均体重

选中 D22 单元格，编辑函数"=AVERAGE(D3:D11)"；选中 D23 单元格，编辑函数"=AVERAGE(D12:D20)"；选中 E22 单元格，编辑函数"=AVERAGE(E3:E11)"；

选中 E23 单元格，编辑函数"=AVERAGE(E12:E20)"。

5．高级筛选

如图 2-131 所示，在 A26:D28 单元格区域建立筛选条件，单击"数据"选项卡"排序和筛选"组的"高级"按钮，在弹出的"高级筛选"对话框中选择方式为"将筛选结果复制到其他位置"，列表区域为

图 2-131　高级筛选的筛选条件

"$A$2:$G$20"，条件区域为"$A$26:$D$28"，复制到 A30 单元格，如图 2-132 所示，单击"确定"按钮完成筛选。

6．创建图表

（1）按住【Ctrl】键的同时依次选中 A22、D22、A23、D23 单元格区域，按【F11】键创建独立图表（默认图表类型为簇状柱形图）。

（2）选中图表，单击"图表工具–设计"选项卡"数据"组的"选择数据"按钮，在弹出的"选择数据源"对话框中选择"图例项（系列）"下方的"系列 1"，单击"编辑"按钮，修改系列名称，如图 2-133 所示，单击"确定"按钮回到"选择数据源"对话框，单击"确定"按钮完成设置。

图 2-132　"高级筛选"对话框

图 2-133　"编辑数据系列"对话框

（3）修改图表标题为"男女生平均身高"：如图 2-134 所示，单击图表右上角"╋"添加显示"数据标签"和"图例"；在"设计"选项卡中设置图表样式为"样式 14"，如图 2-135 所示。

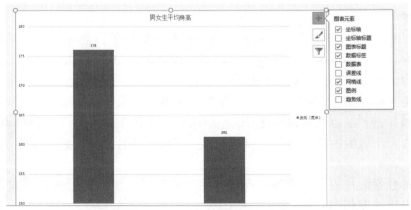

图 2-134　添加显示图表元素

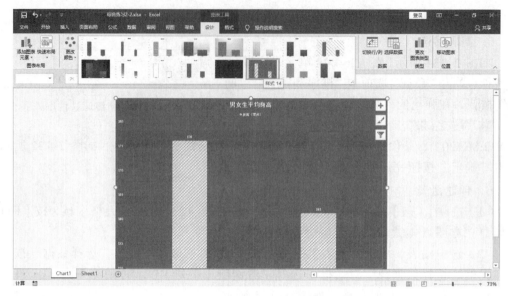

图 2-135　修改图表样式编辑界面

【综合练习 2-3】

涉及的知识点

工作表的重命名，行、列的隐藏，单元格格式的设置，公式的输入，单元格地址的引用，函数的应用（AVERAGE、IF），自动筛选，数据透视表的建立。

操作要求

（1）对 Sheet1 工作表进行操作，隐藏"编号"列；在 B1 单元格中输入标题"产品销售情况表"，并设为华文楷体、18 号、粗体，在 B1:G1 单元格区域跨列居中；给 B2:G13 单元格区域添加红色双线的外边框和绿色细实线的内边框，所有单元格水平居中显示。

（2）在 Sheet1 工作表中计算销售额列（销售额=销售数量×单价），计算利润列（利润=销售额×利润率）；在 E13 和 F13 单元格分别计算出销售额和利润的平均值，不保留小数。

（3）使用 IF 函数，根据销售额在 F 列填写各产品型号的销售等级：销售额≥150000 显示"优秀"，否则显示"合格"；如样张"综合练习 2-3 样张 1.jpg"所示筛选出所有等级为"优秀"的产品的销售情况。

（4）将"Sheet3"工作表改名为"数据透视表"，工作表标签颜色为"红色"。

（5）如样张"综合练习 2-3 样张 2.jpg"所示，在工作表"数据透视表"的 A13 单元格中为工作表中的数据制作数据透视表；按照产品名称对比总销售数量和销售额的最大值。

（6）将数据透视表行标签修改为"产品名称"，添加数据透视表样式为"深紫-数据透视表样式深色 26"。

样张（见图 2-136 和图 2-137）

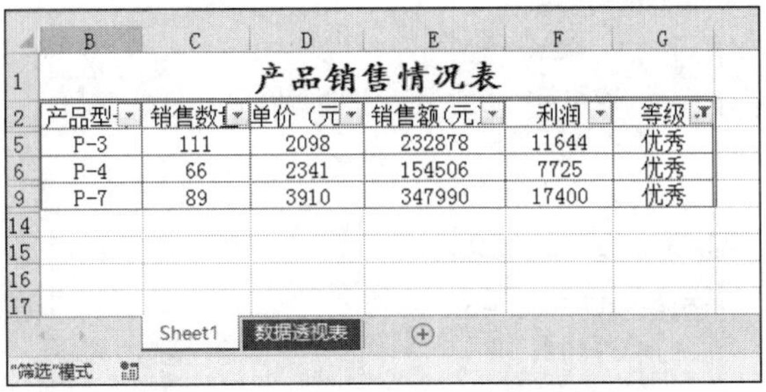

产品销售情况表

产品型号	销售数量	单价（元）	销售额(元)	利润	等级
P-3	111	2098	232878	11644	优秀
P-4	66	2341	154506	7725	优秀
P-7	89	3910	347990	17400	优秀

图 2-136　综合练习 2-3 样张（1）

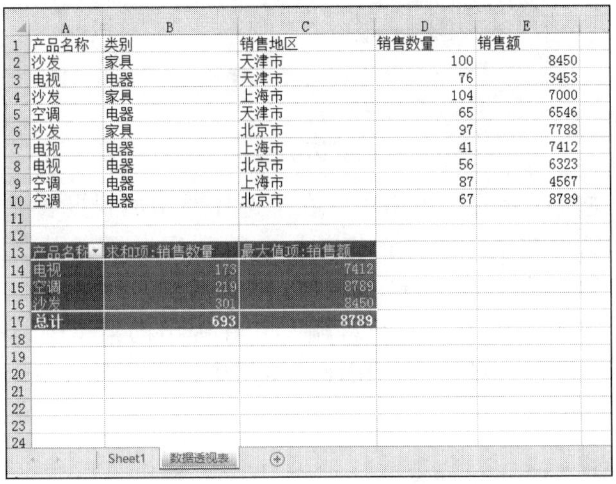

产品名称	类别	销售地区	销售数量	销售额
沙发	家具	天津市	100	8450
电视	电器	天津市	76	3453
沙发	家具	上海市	104	7000
空调	电器	天津市	65	6546
沙发	家具	北京市	97	7788
电视	电器	上海市	41	7412
电视	电器	北京市	56	6323
空调	电器	上海市	87	4567
空调	电器	北京市	67	8789

产品名称	求和项:销售数量	最大值项:销售额
电视	173	7412
空调	219	8789
沙发	301	8450
总计	693	8789

图 2-137　综合练习 2-3 样张（2）

参考步骤

1. 公式和函数

（1）运用公式计算销售额：选中 E3 单元格，编辑公式“=C3*D3”，利用填充柄将公式复制到 E 列的其他相关单元格中。

（2）运用公式计算利润：选中 F3 单元格，编辑公式“=E3*$J$3”（J3 单元格使用绝对地址引用），利用填充柄将公式复制到 F 列的其他相关单元格中。

（3）运用 AVERAGE 函数计算平均值：选中 E13 单元格，编辑函数“=AVERAGE(E3:E12)”；选中 F13 单元格，编辑函数“=AVERAGE(F3:F12)”。

2. 运用 IF 函数计算销售等级

选中 G3 单元格，编辑函数“=IF(E3>=150000,"优秀","合格")”，利用填充柄将公式复制到 G 列的其他相关单元格中。

3. 数据透视表

（1）在工作表“数据透视表”下，单击“插入”选项卡“表格”组的“数据透视表”按钮，在弹出的“创建数据透视表”对话框中选择要分析的数据区域为 A1:E10，选择放置数据透视表的位置为现有工作表的 A13 单元格，如图 2-138 所示，单击“确定”按钮。

图 2-138 "创建数据透视表"对话框

（2）在"数据透视表字段"窗格中，在"选择要添加到报表的字段"下选中字段名"产品名称""销售数量"和"销售额"，"数据透视表字段"窗格如图 2-139所示，将"产品名称"拖动至"行"标签的位置，将"销售数量"和"销售额"拖动至"值"位置；单击"求和项：销售额"，在弹出的菜单中选择"值字段设置"选项，弹出"值字段设置"对话框，在计算类型中选择"最大值"选项，如图 2-140所示，单击"确定"按钮。

图 2-139 "数据透视表字段"窗格   图 2-140 "值字段设置"对话框

【综合练习 2-4】

涉及的知识点

合并计算，行、列的插入与编辑，冻结窗格，公式与函数，单元格格式设置，插入批注，条件格式，数据透视图表。

操作要求

小王想要了解 2000 年与 2010 年各地区人口增长情况，请你根据数据报表（"综合练习 2-1.xlsx"文件），按照如下要求完成统计和分析工作：

（1）打开素材"综合练习 2-1.xlsx"，将两个普查数据工作表内容合并，合并后的内容放置在工作表"比较数据"中（自 A1 单元格开始），且保持最左列仍为地区名称，设置 A1 单元格中的列标题为"地区"。

（2）在 A 列左侧插入一列，自 A2 单元格起，利用函数从"1"开始填充序号，要求表中的记录无论是增加、减少或是排序，都不会影响序号的连续性，设置该列标题为"序号"。

（3）将工作表"比较数据"中的数据按照"地区"笔画数升序排序。

（4）冻结工作表"比较数据"的首行和首列。

（5）在工作表"比较数据"中的数据区域最右侧依次增加"人口增长数"和"人口增长率"两列，并利用公式计算这两列的值：人口增长数=2010 年人口数-2000 年人口数；人口增长率=人口增长数÷2000 年人口数，以百分比表示，保留两位小数；设置工作表"比较数据"自动调整行高和列宽。

（6）在工作表"比较数据"的 G1 单元格中插入批注，要求显示人口增长数的计算方式"人口增长数=2010 年人口数-2000 年人口数"，始终显示批注，适当调整批注框的大小和位置。

（7）利用条件格式，将"人口增长数"为负数的单元格设置为红色、加粗；将"人口增长率"最大的三个值的单元格设置为"绿色"图案颜色，"细 垂直 条纹"图案样式。

（8）利用函数，在工作表"统计数据"中的相应单元格（C3、D3、D4、D5）内填入统计结果，统计时使用工作表"比较数据"中的数据。

（9）基于工作表"比较数据"创建一个数据透视表，将其单独存放在一个新建名为"透视分析"的工作表中。透视表中要求筛选出人口增长率超过 20%的地区及其2010 年的人口数、2010 年所占比重、人口增长数、人口增长率，并按人口增长率从高到低排序。最后适当调整透视表中的数字格式。

（10）参照上述数据透视表，绘制对应的数据透视图，图表类型为"带数据标记的折线图"。

参考样张（见图 2-141 ~ 图 2-144）

A 序号	B 地区	C 2010年人口数（万人）	D 2010年比重	E 2000年人口数（万人）	F 2000年比重	G 人口增长数	H 人口增长率	I	J
1	上海市	2302	1.72%	1674	1.32%	628	37.51%		
2	山东省	9079	7.15%	9079	7.17%	500	5.51%		
3	山西省	3571	2.67%	3297	2.60%	274	8.31%		
4	广东省	10430	7.79%	8642	6.83%	1788	20.69%		
5	广西壮族自治区	4603	3.44%	4489	3.55%	114	2.54%		
6	天津市	1294	0.97%	1001	0.79%	293	29.27%		
7	云南省	4597	3.43%	4288	3.39%	309	7.21%		
8	中国人民解放军现役军人	230	0.17%	250	0.20%	-20	-8.00%		
9	内蒙古自治区	2471	1.84%	2376	1.88%	95	4.00%		
10	甘肃省	2558	1.91%	2562	2.02%	-4	-0.16%		
11	北京市	1961	1.46%	1382	1.09%	579	41.90%		
12	四川省	8042	6.00%	8329	6.58%	-287	-3.45%		
13	宁夏回族自治区	630	0.47%	562	0.44%	68	12.10%		
14	辽宁省	4375	3.27%	4238	3.35%	137	3.23%		
15	吉林省	2746	2.05%	2728	2.16%	18	0.66%		
16	西藏自治区	300	0.22%	262	0.21%	38	14.50%		
17	江西省	4457	3.33%	4140	3.27%	317	7.66%		
18	江苏省	7866	5.87%	7438	5.88%	428	5.75%		
19	安徽省	5950	4.44%	5986	4.73%	-36	-0.60%		
20	青海省	563	0.42%	518	0.41%	45	8.69%		
21	河北省	7185	5.36%	6744	5.33%	441	6.54%		
22	河南省	9402	7.02%	9256	7.31%	146	1.58%		
23	陕西省	3733	2.79%	3605	2.85%	128	3.55%		
24	贵州省	3475	2.59%	3525	2.78%	-50	-1.42%		
25	重庆市	2885	2.15%	3090	2.44%	-205	-6.63%		
26	浙江省	5443	4.06%	4677	3.69%	766	16.38%		
27	海南省	867	0.65%	787	0.62%	80	10.17%		
28	难以确定常住地	465	0.35%	105	0.08%	360	342.86%		
29	黑龙江省	3831	2.86%	3689	2.91%	142	3.85%		
30	湖北省	5724	4.27%	6028	4.76%	-304	-5.04%		
31	湖南省	6568	4.90%	6440	5.09%	128	1.99%		
32	新疆维吾尔自治区	2181	1.63%	1925	1.52%	256	13.30%		
33	福建省	3689	2.75%	3471	2.74%	218	6.28%		

Microsoft:
人口增长数=2010年人口数-2000年人口数

图 2-141　综合练习 2-4 样张（1）

统计项目	2000年	2010年
总人数（万人）	126,583	133,973
总增长数（万人）	-	7,390
人口为负增长的地区数	-	7

图 2-142　综合练习 2-4 样张（2）

	A 人口增长率	(多项)			
3	地区	求和项:人口增长率	求和项:2010年人口数（万人）	求和项:2010年比重	求和项:人口增长数
4	难以确定常住地	342.86%	465	0.35%	360
5	北京市	41.90%	1961	1.46%	579
6	上海市	37.51%	2302	1.72%	628
7	天津市	29.27%	1294	0.97%	293
8	广东省	20.69%	10430	7.79%	1788
9	总计	472.23%	16452	12.29%	3648

图 2-143　综合练习 2-4 样张（3）

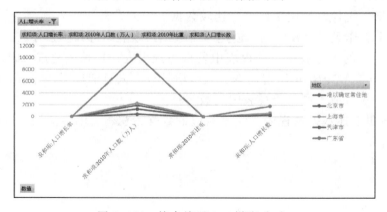

图 2-144　综合练习 2-4 样张（4）

步骤提示

1. 合并计算

两工作表内容合并操作参考图 2-145 所示设置。

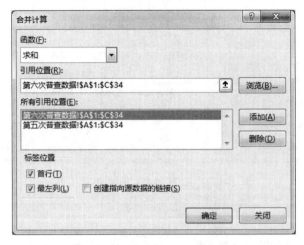

图 2-145　"合并计算"对话框

2. 填充序号

公式为"=ROW()-1"。

3. 冻结工作表

选中 B2 单元格，单击"视图"选项卡"窗口"组中的"冻结窗口"下拉按钮，在展开的列表中选项中单击选择"冻结窗格"命令即可。

4. 应用多种统计函数

如图 2-146 所示，计算"2000 年总人数"的公式为"=SUM(比较数据!E2:E34)"。如图 2-147 所示，计算"2010 年总人数"的公式为"=SUM(比较数据!C2:C34)"。如图 2-148 所示，计算"总增长人数"的公式为"=SUM(比较数据!G2:G34)"。如图 2-149 所示，计算"人口为负增长的地区数"的公式为"=COUNTIF(比较数据!G2:G34,"<0")"。

图 2-146　SUM 函数-2000 年总人数

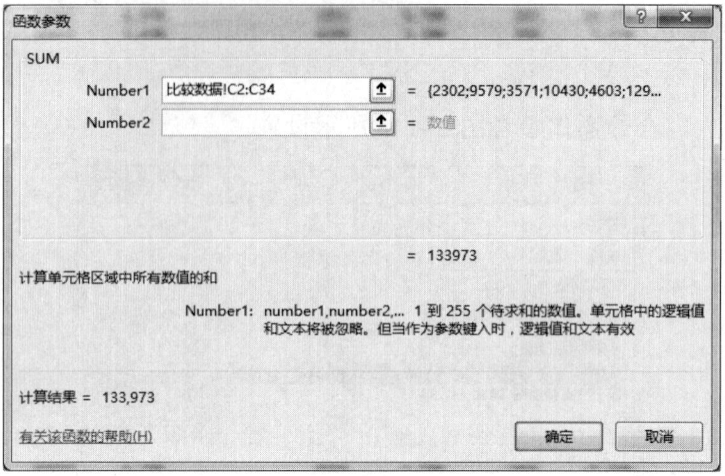

图 2-147　SUM 函数-2010 年总人数

图 2-148　SUM 函数-总增长人数

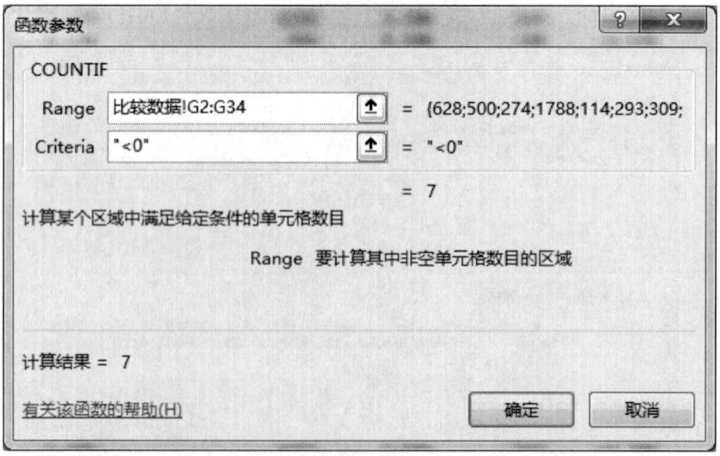

图 2-149　COUNTIF 函数-人口为负增长的地区数

5．数据透视表

插入数据透视表后，按照图 2-150 所示，设置数据透视表字段。如图 2-151 所示，在透视表中筛选出人口增长率超过 20% 的地区。

图 2-150 数据透视表字段设置

图 2-151 数据透视表-筛选

【综合练习 2-5】

涉及的知识点

单元格格式设置、套用表格格式、公式与函数。

操作要求

小李是一名大二的学生，目前在学校书店兼职，主要的工作职责是为书店经理提供销售信息的分析和汇总。

请你根据销售数据报表（"综合练习 2-2.xlsx"文件），按照如下要求完成统计和分析工作：

（1）请对"订单明细表"工作表进行格式调整，通过套用表格格式方法将所有的销售记录调整为一致的外观格式，并将"单价"列和"小计"列所包含的单元格调整为"会计专用"（人民币）数字格式。

（2）根据图书编号，请在"订单明细表"工作表的"图书名称"列中，使用 VLOOKUP 函数完成图书名称的自动填充。"图书名称"和"图书编号"的对应关系在"编号对照"工作表中。

（3）根据图书编号，请在"订单明细表"工作表的"单价"列中，使用 VLOOKUP 函数完成图书单价的自动填充。"单价"和"图书编号"的对应关系在"编号对照"工作表中。

（4）在"订单明细表"工作表的"小计"列中，计算每笔订单的销售额。

（5）根据"订单明细表"工作表中的销售数据，统计所有订单的总销售金额，并将其填写在"统计报告"工作表的 B3 单元格中。

（6）根据"订单明细表"工作表中的销售数据，统计《MS Office 高级应用》图书在 2020 年的总销售额，并将其填写在"统计报告"工作表的 B4 单元格中。

（7）根据"订单明细表"工作表中的销售数据，统计杉达一店在 2019 年第 3 季度的总销售额，并将其填写在"统计报告"工作表的 B5 单元格中。

（8）根据"订单明细表"工作表中的销售数据，统计杉达一店在 2019 年的每月平均销售额（保留 2 位小数），并将其填写在"统计报告"工作表的 B6 单元格中。

 参考样张（见图 2-152 和图 2-153）

			销售订单明细表			
订单编号	日期	书店名称	图书编号	图书名称	单价	销量（本）	小计
SD-21001	2019年1月2日	杉达一店	TP-83021	《计算机基础及MS Office应用》	¥ 36.00	17	612.00
SD-21002	2019年1月4日	杉达二店	TP-83033	《嵌入式系统开发技术》	¥ 44.00	10	440.00
SD-21003	2019年1月4日	杉达二店	TP-83034	《操作系统原理》	¥ 39.00	46	1,794.00
SD-21004	2019年1月5日	杉达一店	TP-83027	《MySQL数据库程序设计》	¥ 40.00	26	1,040.00
SD-21005	2019年1月6日	杉达一店	TP-83028	《MS Office高级应用》	¥ 39.00	37	1,443.00
SD-21006	2019年1月9日	杉达二店	TP-83029	《网络技术》	¥ 43.00	8	344.00
SD-21007	2019年1月9日	杉达二店	TP-83030	《数据库技术》	¥ 41.00	6	246.00
SD-21008	2019年1月10日	杉达一店	TP-83031	《软件测试技术》	¥ 36.00	8	288.00
SD-21009	2019年1月11日	杉达三店	TP-83035	《计算机组成与接口》	¥ 40.00	48	1,920.00
SD-21010	2019年1月11日	杉达三店	TP-83022	《计算机基础及Photoshop应用》	¥ 34.00	27	918.00
SD-21011	2019年1月11日	杉达三店	TP-83023	《C语言程序设计》	¥ 42.00	36	1,512.00
SD-21012	2019年1月12日	杉达一店	TP-83032	《信息安全技术》	¥ 39.00	24	936.00
SD-21013	2019年1月12日	杉达一店	TP-83036	《数据库原理》	¥ 37.00	48	1,776.00
SD-21014	2019年1月13日	杉达一店	TP-83024	《VB语言程序设计》	¥ 38.00	44	1,672.00
SD-21015	2019年1月15日	杉达一店	TP-83025	《Java语言程序设计》	¥ 39.00	35	1,365.00
SD-21016	2019年1月16日	杉达三店	TP-83026	《Access数据库程序设计》	¥ 41.00	48	1,968.00
SD-21017	2019年1月16日	杉达三店	TP-83037	《软件工程》	¥ 43.00	45	1,935.00
SD-21018	2019年1月17日	杉达一店	TP-83021	《计算机基础及MS Office应用》	¥ 36.00	49	1,764.00
SD-21019	2019年1月18日	杉达二店	TP-83033	《嵌入式系统开发技术》	¥ 44.00	38	1,672.00

图 2-152　综合练习 2-5 样张（1）

统计报告	
统计项目	销售额
所有订单的总销售金额	¥ 783,283.00
《MS Office高级应用》图书在2020年的总销售额	¥ 17,745.00
杉达一店在2019年第3季度（7月1日~9月30日）的总销售额	¥ 53,279.00
杉达一店在2019年的每月平均销售额（保留2位小数）	¥ 16,093.17

图 2-153　综合练习 2-5 样张（2）

步骤提示

1. 运用 VLOOKUP 函数完成图书名称的自动填充

如图 2-154 所示，利用 VLOOKUP 函数完成图书名称的自动填充，公式为"=VLOOKUP([@图书编号],表 2,2,0)"。

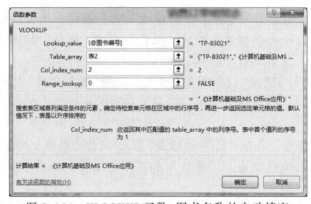

图 2-154　VLOOKUP 函数–图书名称的自动填充

2．运用 VLOOKUP 函数完成图书单价的自动填充

如图 2-155 所示，利用 VLOOKUP 函数完成单价的自动填充，公式为"=VLOOKUP([@图书编号],表 2,3,0)"。

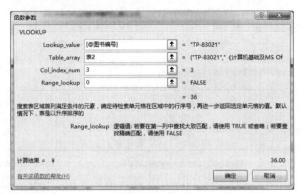

图 2-155　VLOOKUP 函数–单价的自动填充

3．运用 SUM 函数计算所有订单的总销售金额

如图 2-156 所示，计算"所有订单的总销售金额"的公式为"=SUM(表 3[小计])"。

图 2-156　SUM 函数–求总销售金额

4．运用 SUMIFS 函数计算《MS Office 高级应用》图书在 2020 年的总销售额

如图 2-157 所示，计算"《MS Office 高级应用》图书在 2020 年的总销售额"的公式为"=SUMIFS(表 3[小计],表 3[图书名称],"《MS Office 高级应用》",表 3[日期],">=2020 年 1 月 1 日")"。

5．运用 SUMIFS 函数计算杉达一店在 2019 年第 3 季度的总销售额

如图 2-158、图 2-159 所示，计算"杉达一店在 2019 年第 3 季度的总销售额"的公式为"=SUMIFS(表 3[小计],表 3[书店名称],"杉达一店",表 3[日期],">=2019 年 7 月 1 日",表 3[日期],"<=2019 年 9 月 30 日")"。

6．运用 SUMIFS 函数计算杉达一店在 2019 年的每月平均销售额

计算"杉达一店在 2019 年的每月平均销售额"的公式为"=SUMIFS(表 3[小计],表 3[书店名称],"杉达一店",表 3[日期],">=2019 年 1 月 1 日",表 3[日期],"<=2019 年 12 月 31 日")/12"。

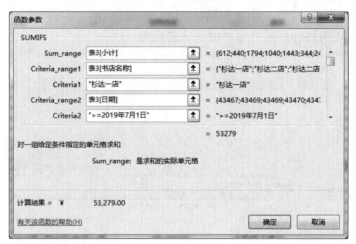

图 2-157　SUMIFS 函数–《MS Office 高级应用》图书在 2020 年的总销售额

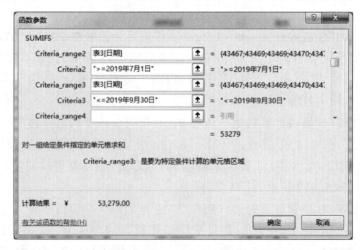

图 2-158　SUMIFS 函数–杉达一店在 2019 年第 3 季度的总销售额 1

图 2-159　SUMIFS 函数–杉达一店在 2019 年第 3 季度的总销售额 2

【综合练习 2-6】

涉及的知识点

工作表的新建、工作表标签颜色设置、导入外部数据、分列、公式与函数、选择性粘贴、条件格式、页面设置。

操作要求

期末考试结束了，班主任李老师需要对本班学生的各科考试成绩进行统计分析，并为每个学生制作一份成绩通知单下发给家长。按照下列要求完成该班的成绩统计工作并按原文件名进行保存：

（1）打开工作簿"综合练习 2-6.xlsx"，在最左侧插入一个空白工作表，重命名为"初三学生档案"，并将该工作表标签颜色设为"紫色(标准色)"。

（2）将以制表符分隔的文本文件"学生档案.txt"自 A1 单元格开始导入到工作表"初三学生档案"中，注意不得改变原始数据的排列顺序。将第 1 列数据从左到右依次分成"学号"和"姓名"两列显示。最后创建一个名为"档案"、包含数据区域 A1:G56、包含标题的表，同时删除外部链接。

（3）在工作表"初三学生档案"中，利用公式及函数依次输入每个学生的性别"男"或"女"、出生日期"××××年××月××日"和年龄。其中：身份证号的倒数第 2 位用于判断性别，奇数为男性，偶数为女性；身份证号的第 7~14 位代表出生年月日；年龄需要按周岁计算，满 1 年才计 1 岁。最后适当调整工作表的行高和列宽、对齐方式等，以方便阅读。

（4）参考工作表"初三学生档案"，在工作表"语文"中输入与学号对应的"姓名"；按照平时、期中、期末成绩各占 30%、30%、40%的比例计算每个学生的"学期成绩"并填入相应单元格中；按成绩由高到低的顺序统计每个学生的"学期成绩"排名并按"第 n 名"的形式填入"班级名次"列中；按照下列条件填写"期末总评"：

语文、数学的学期成绩	其他科目的学期成绩	期末总评
≥102	≥90	优秀
≥84	≥75	良好
≥72	≥60	及格
<72	<60	不合格

（5）将工作表"语文"的格式全部应用到其他科目工作表中，包括行高（各行行高均为 22 默认单位）和列宽（各列列宽均为 14 默认单位）。并按上述（4）中的要求依次输入或统计其他科目的"姓名"、"学期成绩"、"班级名次"和"期末总评"。

（6）分别将各科的"学期成绩"引入到工作表"期末总成绩"的相应列中，在工作表"期末总成绩"中依次引入姓名、计算各科的平均分、每个学生的总分，并按成绩由高到低的顺序统计每个学生的总分排名，并以 1，2，3…形式标识名次，最后将所有成绩的数字格式设为数值，保留两位小数。

（7）在工作表"期末总成绩"中分别用红色（标准色）和加粗格式标出各科第一名成绩。同时将前 10 名的总分成绩用浅蓝色填充。

（8）调整工作表“期末总成绩”的页面布局以便打印：纸张方向为横向，缩减打印输出使得所有列只占一个页面宽（但不得缩小列宽），水平居中打印在纸上。

样张（见图 2-160～图 2-162）

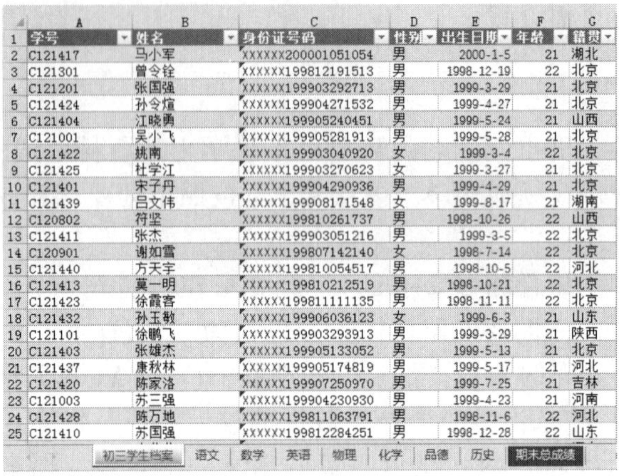

学号	姓名	身份证号码	性别	出生日期	年龄	籍贯
C121417	马小军	XXXXXX200001051054	男	2000-1-5	21	湖北
C121301	曾令铨	XXXXXX199812191513	男	1998-12-19	22	北京
C121201	张国强	XXXXXX199903292713	男	1999-3-29	21	北京
C121424	孙令煊	XXXXXX199904271532	男	1999-4-27	21	北京
C121404	江晓勇	XXXXXX199905240451	男	1999-5-24	21	山西
C121001	吴小飞	XXXXXX199905281913	男	1999-5-28	21	北京
C121422	姚南	XXXXXX199903040920	女	1999-3-4	22	北京
C121425	杜学江	XXXXXX199903270623	女	1999-3-27	21	北京
C121401	宋子丹	XXXXXX199904290936	男	1999-4-29	21	北京
C121439	吕文伟	XXXXXX199908171548	女	1999-8-17	21	湖南
C120802	符坚	XXXXXX199810261737	男	1998-10-26	22	山西
C121411	张杰	XXXXXX199903051216	男	1999-3-5	22	北京
C120901	谢如雪	XXXXXX199807142140	女	1998-7-14	22	北京
C121440	方天宇	XXXXXX199810054517	男	1998-10-5	22	河北
C121413	莫一明	XXXXXX199810212519	男	1998-10-21	22	北京
C121423	徐霞客	XXXXXX199811111135	男	1998-11-11	22	北京
C121432	孙玉敏	XXXXXX199906036123	女	1999-6-3	21	山东
C121101	徐鹏飞	XXXXXX199903293913	男	1999-3-29	21	陕西
C121403	张雄杰	XXXXXX199905133052	男	1999-5-13	21	北京
C121437	康秋林	XXXXXX199905174819	男	1999-5-17	21	河北
C121420	陈家洛	XXXXXX199907250970	男	1999-7-25	21	吉林
C121003	苏三强	XXXXXX199904230930	男	1999-4-23	21	河南
C121428	陈万地	XXXXXX199811063791	男	1998-11-6	22	河北
C121410	苏国强	XXXXXX199812284251	男	1998-12-28	22	山东

初三学生档案 语文 数学 英语 物理 化学 品德 历史 期末总成绩

图 2-160 综合练习 2-6 样张（1）

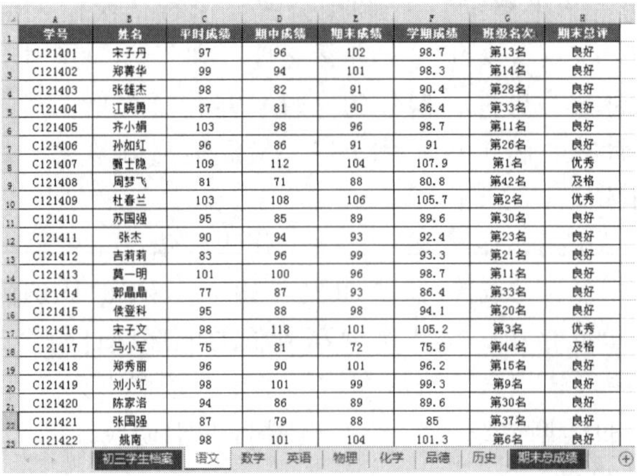

学号	姓名	平时成绩	期中成绩	期末成绩	学期成绩	班级名次	期末总评
C121401	宋子丹	97	96	102	98.7	第13名	良好
C121402	郑菁华	99	94	101	98.3	第14名	良好
C121403	张雄杰	98	82	91	90.4	第28名	良好
C121404	江晓勇	87	81	90	86.4	第33名	良好
C121405	齐小娟	103	98	96	98.7	第11名	良好
C121406	孙如红	96	86	91	91	第26名	良好
C121407	甄士隐	109	112	104	107.9	第1名	优秀
C121408	周梦飞	81	71	88	80.8	第42名	及格
C121409	杜春兰	103	108	106	105.7	第2名	优秀
C121410	苏国强	95	85	89	89.6	第30名	良好
C121411	张杰	90	94	93	92.4	第23名	良好
C121412	吉莉莉	83	96	99	93.3	第21名	良好
C121413	莫一明	101	100	96	98.7	第11名	良好
C121414	郭晶晶	77	87	93	86.4	第33名	良好
C121415	侯登科	95	88	98	94.1	第20名	良好
C121416	宋子文	98	118	101	105.2	第3名	优秀
C121417	马小军	75	81	72	75.6	第44名	及格
C121418	郑秀丽	96	90	101	96.2	第15名	良好
C121419	刘小红	98	101	99	99.3	第9名	良好
C121420	陈家洛	94	86	89	89.6	第30名	良好
C121421	张国强	87	79	88	85	第37名	良好
C121422	姚南	98	101	104	101.3	第6名	良好

初三学生档案 语文 数学 英语 物理 化学 品德 历史 期末总成绩

图 2-161 综合练习 2-6 样张（2）

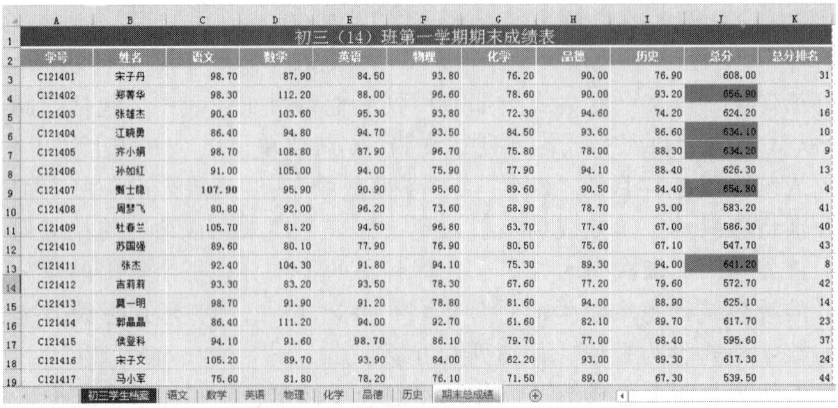

初三（14）班第一学期期末成绩表

学号	姓名	语文	数学	英语	物理	化学	品德	历史	总分	总分排名
C121401	宋子丹	98.70	87.90	84.50	93.80	76.20	90.00	76.90	608.00	31
C121402	郑菁华	98.30	112.20	88.00	96.60	78.60	90.00	93.20	656.90	3
C121403	张雄杰	90.40	103.60	95.30	93.80	72.30	94.60	74.20	624.20	16
C121404	江晓勇	86.40	94.80	94.70	93.50	84.50	93.60	86.60	634.10	10
C121405	齐小娟	98.70	108.80	87.90	96.70	75.80	78.00	88.30	634.20	9
C121406	孙如红	91.00	105.00	94.00	75.90	77.90	94.10	88.40	626.30	13
C121407	甄士隐	107.90	95.90	90.90	95.60	89.60	90.50	84.40	654.80	4
C121408	周梦飞	80.80	92.00	96.20	73.60	68.90	78.70	93.00	583.20	41
C121409	杜春兰	105.70	81.20	94.50	96.80	63.70	77.40	67.00	586.30	40
C121410	苏国强	89.60	80.10	77.90	76.90	80.50	75.60	67.10	547.70	43
C121411	张杰	92.40	104.30	91.80	94.10	75.30	89.30	94.00	641.20	8
C121412	吉莉莉	93.30	83.20	93.50	78.30	67.60	77.20	79.60	572.70	42
C121413	莫一明	98.70	91.90	91.20	78.80	81.60	94.00	88.90	625.10	14
C121414	郭晶晶	86.40	111.20	94.00	92.70	61.60	82.10	89.70	617.70	23
C121415	侯登科	94.10	91.60	98.70	86.10	79.70	77.00	68.40	595.60	37
C121416	宋子文	105.20	89.70	93.90	84.00	62.20	93.00	89.30	617.30	24
C121417	马小军	75.60	81.80	78.20	76.10	71.50	89.00	67.30	539.50	44

初三学生档案 语文 数学 英语 物理 化学 品德 历史 期末总成绩

图 2-162 综合练习 2-6 样张（3）

 步骤提示

1. 导入外部数据

选中"初三学生档案"工作表 A1 单元格，单击"数据"选项卡下"获取外部数据"下拉按钮，在展开的列表中选择"自文本"命令，在弹出的"导入文本文件"对话框中找到"学生档案.txt"文件并单击"导入"按钮。如图 2-163 ~ 图 2-165 所示按照文本导入向导步骤依次导入。（提示：如图 2-165 所示，身份证号码数据格式需修改为文本。）

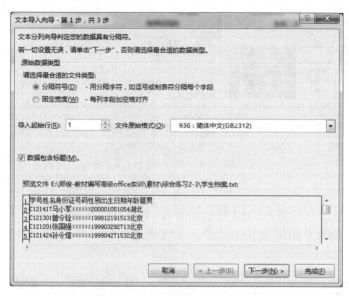

图 2-163 文本导入向导-第 1 步

图 2-164 文本导入向导-第 2 步

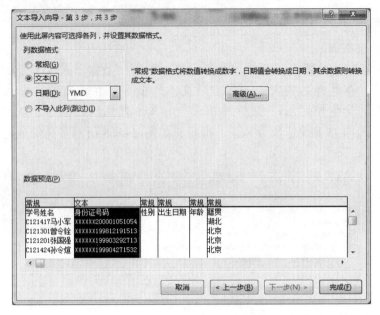

图 2-165　文本导入向导–第 3 步

2．分列

在"姓名学号"列后插入空白列，选中 A 列，单击"数据"选项卡下"数据工具"组中的"分列"按钮，如图 2-166 ~ 图 2-168 所示按照文本分列向导步骤分列，效果如图 2-169 所示。

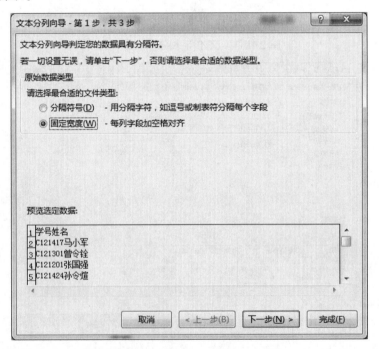

图 2-166　文本分列向导–第 1 步

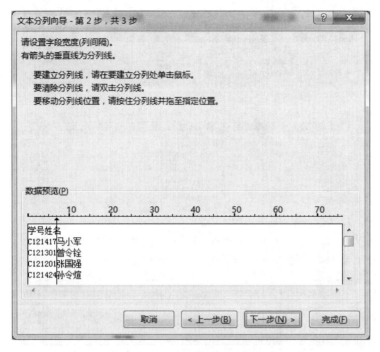

图 2-167 文本分列向导-第 2 步

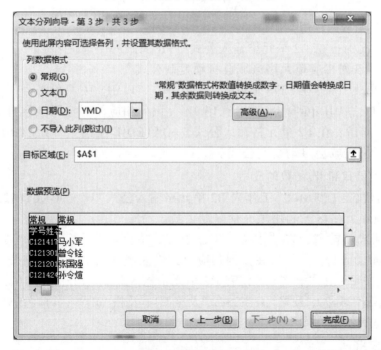

图 2-168 文本分列向导-第 3 步

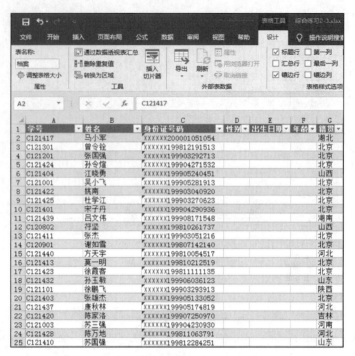

图 2-169　表格工具-表名称

3．公式与函数的运用

（1）计算性别：在 D2 单元格输入公式"=IF(MOD(MID([@身份证号码],17,1),2)=0,"女","男")"，该列相应单元格区域会自动复制公式。

（2）获取出生日期：在 E2 单元格输入公式"=DATE(MID([@身份证号码],7,4),MID([@身份证号码],11,2),MID([@身份证号码],13,2))"，该列相应单元格区域会自动复制公式。

（3）计算年龄：在 F2 单元格输入公式"=DATEDIF([@出生日期],TODAY(),"y")"，该列相应单元格区域会自动复制公式。

4．RANK 函数和 IF 函数的应用

（1）查询姓名：在"语文"工作表 B2 单元格输入公式"=VLOOKUP(A2,档案,2,0)"，再在该列相应单元格区域利用填充柄复制公式。

（2）学期成绩排名：在"语文"工作表 F2 单元格输入公式"="第"&RANK.EQ(F2,$F$2:$F$45,0)&"名""，再在该列相应单元格区域利用填充柄复制公式。

（3）期末总评：在"语文"工作表 H2 单元格输入公式"=IF(F2>=102,"优秀",IF(F2>=84,"良好",IF(F2>=72,"及格",IF(F2>72,"及格","不及格"))))"，再在该列相应单元格区域利用填充柄复制公式。

5．格式应用

可按照图 2-170 所示，通过选择性粘贴将工作表"语文"的格式全部应用到其他科目工作表中。

6．设置条件格式

可按照图 2-171 所示，通过条件格式设置各科第一名，总分成绩前 10 名成绩的自定义显示方式。

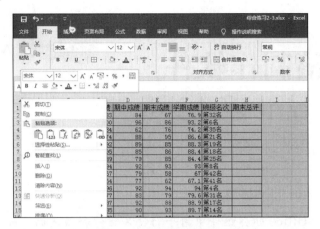

图 2-170　选择性粘贴

图 2-171　条件格式

7．页面设置

首先在页面设置中设置页面方向"横向"，然后可按照图 2-172 所示，设置页边距和居中方式。

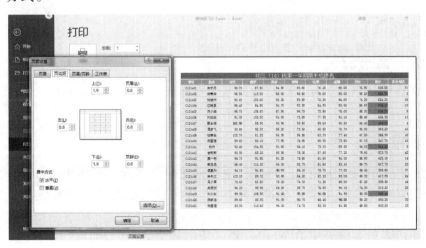

图 2-172　页面设置及打印预览

演示文稿制作软件
PowerPoint 2016 ≪

第 3 章

　　PowerPoint 是 Office 办公组件中用于幻灯片制作和播放的软件。在日常的学习和生活场景中，经常需要单位和个人利用计算机进行多媒体演示，包括多媒体课程教学、商业推广、个人报告陈述等。PowerPoint 以其友好的用户界面，令使用者可以快速制作拥有精美外观、丰富内容的演示文稿，使演示内容得到更多样化、更有效的展示。

　　本章主要通过知识点细化的案例讲解及综合练习的方式介绍 PowerPoint 的基本概念和使用方式。读者通过本章的学习，应熟练掌握以下知识点：

- PowerPoint 的基本功能和基本操作，幻灯片的基本操作，演示文稿的视图模式和使用。
- 演示文稿中幻灯片的主题应用、背景设置、母版制作和使用。
- 幻灯片中文本、图片、形状、SmartArt 图形、表格、图表、音频、视频、艺术字等对象的编辑和应用。
- 幻灯片中对象动画、切换效果、超链接等交互设置。
- 幻灯片放映设置，演示文稿的打包和输出。

3.1　案例讲解

【实训 3-1】

涉及的知识点

　　演示文稿的新建和保存，幻灯片的基本操作和设置，文本信息编辑，插入图片、文本框。

操作要求

　　（1）在 PowerPoint 中使用"环保"主题创建一个名为"实训 3-1.pptx"的新演示文稿，将幻灯片大小设置为"标准（4:3）"，内容设置为按比例缩小以确保适应新幻灯片。

　　（2）使用素材文件夹中的 Word 文档"美丽的花.docx"制作六张幻灯片，其中的文本内容格式要求为：

① Word 文档中应用了"标题 1"样式的文本，需要成为演示文稿中每页幻灯片的标题文本。

② Word 文档中应用了"标题 2"样式的文本，需要成为演示文稿中每页幻灯片的第一级文本内容。

（3）设置演示文稿的幻灯片版式，第一张幻灯片的版式为"标题幻灯片"，第二至六张幻灯片的版式为"两栏内容"。

（4）修改第二、四、六张幻灯片右侧占位符的形状为"六边形"，第三、五张幻灯片右侧占位符的形状为"波形"，依次插入素材文件夹内的"img01.jpg"~"img05.jpg"图片。

（5）将素材文件夹中演示文稿"花相册.pptx"的所有幻灯片合并到"实训 3-1.pptx"的第六张幻灯片后，要求所有幻灯片保留原来的主题和格式。

（6）在演示文稿最后新建"环保"主题下版式为"空白"的幻灯片，插入横排文本框，内容为"感谢欣赏!"，字体为隶书，55 磅，文本框位置为：水平 8 厘米，从左上角；垂直 7 厘米，从左上角。

样张（见图 3-1）

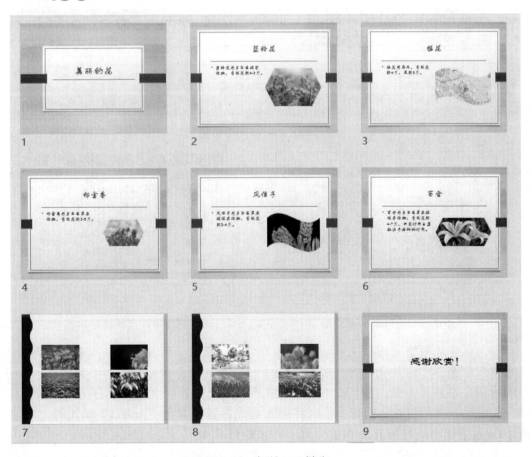

图 3-1　实训 3-1 样张

操作步骤

1. 演示文稿的新建和保存，幻灯片大小设置

（1）打开 PowerPoint，在启动界面"新建"一栏内找到名为"环保"的主题，双击创建演示文稿。

（2）选择"文件"选项卡中的"另存为"命令，在当前计算机中选定保存位置后，将文件名设置为"实训 3-1.pptx"，单击"保存"按钮。

（3）如图 3-2 所示，单击"设计"选项卡"自定义"组中的"幻灯片大小"按钮，在打开的下拉菜单中选择"标准（4:3）"命令；在缩放提示对话框中选择"确保适合"选项，如图 3-3 所示。

2. 幻灯片文本信息编辑

（1）打开 Word 文档"美丽的花.docx"，按快捷键【Ctrl+A】全选，按快捷键【Ctrl+C】复制。

（2）如图 3-4 所示，在演示文稿"实训 3-1.pptx"中，单击"视图"选项卡"演示文稿视图"组中的"大纲视图"按钮，在导航窗格中的第一张幻灯片图标旁右击打开快捷菜单，在粘贴选项中选择"只保留文本"命令。

图 3-2　幻灯片大小设置

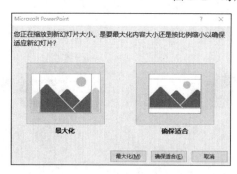

图 3-3　缩放提示对话框

图 3-4　选择性粘贴

（3）在导航窗格中进行文本编辑，将文本内容依次分到各张幻灯片中：先将插入点光标置于文本"蓝铃花"前，按【Enter】键，生成第二张幻灯片，"蓝铃花"及其后的所有文本转移至第二张幻灯片中；再将插入点光标置于文本"樱花"前，按【Enter】键，生成第三张幻灯片；同理，依次将插入点光标置于其余"标题 1"样式的文本前，按【Enter】键，最终所有文本被分到了六张幻灯片中。

（4）在导航窗格中进行文本编辑，将"标题 2"样式的文字制作成演示文稿中每页幻灯片的第一级文本内容：在导航窗格中单击第二张幻灯片，将插入点光标置于"标题 2"样式的文本前，先按【Enter】键，再按【Tab】键，则"标题 2"样式的文本转移至内容占位符内；后面的四张幻灯片都同样依次操作。

（5）在导航窗格中，将插入点光标置于每页幻灯片的标题文本后，按【Delete】键删除多余空行。

说明：第（1）、（2）小题，若 Word 素材中的全部文本已设置多级列表格式，亦可采用直接在 PowerPoint 程序中打开 Word 文档的方式直接导入内容，具体做法为：

（1）在启动 PowerPoint 程序后，如图 3-5 所示，双击"打开"中的"这台电脑"选项，弹出"打开"对话框。

（2）如图 3-6 所示，找到素材文件夹所在位置，设置打开文件格式为"所有文件（*.*）"，显示所有素材文件后，选中 Word 文档"美丽的花.docx"，单击"打开"按钮，生成共包含六张幻灯片的演示文稿。

图 3-5　打开文件　　　　　图 3-6　打开 Word 文档

（3）将演示文稿保存为"实训 3-1.pptx"。

（4）在"设计"选项卡中找到"环保"主题，单击选中，则所有幻灯片的主题同时修改为"环保"。在导航窗格中单击选中任意一张幻灯片，按【Ctrl+A】键全选所有幻灯片。如图 3-7 所示，单击"开始"选项卡"幻灯片"组中的"重置"按钮，则所有幻灯片中的字体重置为"环保"主题的默认字体。

图 3-7 重置幻灯片格式

（5）单击"设计"选项卡"自定义"组中的"幻灯片大小"按钮，在打开的下拉菜单中选择"标准（4:3）"命令，在缩放提示对话框中选择"确保适合"选项。

3．设置幻灯片版式

（1）在"普通视图"下，右击第一张幻灯片，在快捷菜单中选择"版式"中的"标题幻灯片"命令。

（2）单击选中第二张幻灯片，再按住【Shift】键的同时单击第六张幻灯片，则第二至六张幻灯片被同时选中；单击"开始"选项卡"幻灯片"组中的"版式"按钮，在打开的下拉列表中选择"两栏内容"完成版式修改。

4．修改占位符形状，插入图片

（1）在导航窗格中选中第二张幻灯片，在幻灯片编辑区中选中右侧占位符，在"绘图工具-格式"选项卡"插入形状"组中选择"编辑形状-更改形状"命令，在"基本形状"中找到"六边形"，单击选中；第四、六张幻灯片参考同样操作完成修改。

（2）同理，第三、五张幻灯片的右侧占位符在修改时选择"星与旗帜"中的"波形"。

（3）依次单击第二至六张幻灯片右侧占位符中的"图片"图标，插入素材文件夹中的相应图片。

5．合并演示文稿

打开素材文件夹中的演示文稿"花相册.pptx"，在导航窗格中结合【Shift】键选中所有幻灯片，按快捷键【Ctrl+C】复制；打开"实训 3-1.pptx"，在第六张幻灯片后右击鼠标打开快捷菜单，在粘贴选项中选择"保留源格式"进行粘贴。

6．插入幻灯片，插入和编辑文本框

（1）在导航窗格中单击选中最后一张幻灯片，单击"开始"选项卡"幻灯片"组中的"新建幻灯片"下拉按钮，选择"环保"主题下的"空白"幻灯片版式，则在选定的幻灯片后插入了一张新的幻灯片。

（2）选择"插入"选项卡"文本"组中的"文本框"命令，选择"绘制横排文本框"命令；在幻灯片中的任意位置单击，进入文本框输入编辑状态，输入文本"感谢欣赏！"。

（3）使用"开始"选项卡中的字体设置功能将文本框中的文本字体设置为"隶书"，大小设置为 55 磅。

（4）选中文本框边框，出现"绘图工具-格式"选项卡，在"大小"组中打开"设置形状格式"任务窗格，如图 3-8 所示，设置文本框位置为：水平 8 厘米，从左上角；垂直 7 厘米，从左上角。

图 3-8　文本框位置设置

【实训 3-2】

涉及的知识点

插入图片，删除图片背景，调整图片亮度、对比度，图片样式、艺术效果、裁剪，插入相册，设置相册版式。

操作要求

（1）打开演示文稿"实训 3-2.pptx"，设置第一张幻灯片的背景为素材图片"img01.jpg"，透明度 15%，艺术效果为"水彩海绵"。

（2）如样张所示，在第二张幻灯片中依次插入素材图片"img02.jpg"和"img03.jpg"，修改两张图片大小为"高度 7 厘米，宽度 9 厘米"，位置分别为"水平 11 厘米，从左上角；垂直 6 厘米，从左上角"和"水平 22 厘米，从左上角；垂直 6 厘米，从左上角"；将图片"img02.jpg"裁剪为"矩形：棱台"的形状，将图片"img03.jpg"设置为"金属圆角矩形"的图片样式。

（3）第三张幻灯片中插入素材图片"img04.jpg"，如样张所示，删除图片背景，调整亮度：–20%，对比度：–40%；图片缩小为原来的 20%，位置设置为"水平 20 厘米，从左上角；垂直 5 厘米，从左上角"。

（4）用四张素材图片"img05.jpg"–"img08.jpg"创建相册，相册图片版式为"4 张图片"，相框形状为"居中矩形阴影"；设置相册图片两侧文本框，位置如样张所示，并添加文本"海滩 1"–"海滩 4"；将两张相册幻灯片添加至"实训 3-2.pptx"的第三张幻灯片后。

样张（见图 3-9）

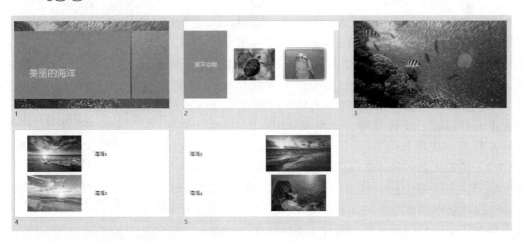

图 3-9　实训 3-2 样张

操作步骤

1. 设置幻灯片背景格式

（1）打开素材文件"实训 3-2.pptx"，选中第一张幻灯片，单击"设计"选项卡

"自定义"组中的"设置背景格式"按钮。

（2）如图 3-10 所示，设置背景格式为"图片或纹理填充"，图片源选择素材图片"img01.jpg"插入，透明度设置为 15%。

（3）如图 3-11 所示，在设置背景格式的艺术效果中找到"水彩海绵"效果，选中。

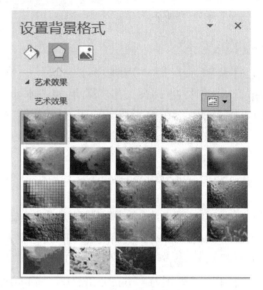

图 3-10　设置背景格式　　　　图 3-11　设置艺术效果

2．插入图片，设置图片格式

（1）选中第二张幻灯片，依次单击两个内容占位符中的图片图标，插入素材图片"img02.jpg"和"img03.jpg"。

（2）选中图片"img02.jpg"，单击"图片工具-格式"选项卡"大小"组中的显示"大小和位置"按钮，弹出"设置图片格式"窗格，如图 3-12 所示，在"设置图片格式"窗格中取消"锁定纵横比"复选框，设置图片大小为"高度 7 厘米，宽度 9 厘米"，设置图片位置为"水平 11 厘米，从左上角；垂直 6 厘米，从左上角"。图片"img03.jpg"的大小一样设置，位置设置为"水平 22 厘米，从左上角；垂直 6 厘米，从左上角"。

（3）选中图片"img02.jpg"，单击"图片工具-格式"选项卡"大小"组中的"裁剪"下拉按钮，在"裁剪为形状"中找到基本形状中的"矩形：棱台"形状，单击选中。选中图片"img03.jpg"，在"图片工具-格式"选项卡"图片样式"组中找到"金属圆角矩形"样式，单击选中。

图 3-12　设置图片格式

3．删除图片背景，调整图片亮度、对比度

（1）选中第三张幻灯片，单击"插入"选项卡"图像"组中的"图片"按钮，打开"插入图片"对话框，选择素材图片"img04.jpg"，单击"插入"按钮。

（2）选中图片"img04.jpg"，单击"图片工具-格式"选项卡"调整"组中的"删除背景"按钮，使用"背景消除"选项卡中的"标记要保留的区域"和"标记要删除的区域"对图片进行标记，使得需保留区域完整显示后，单击"保留更改"按钮确认更改。

（3）单击"图片工具-格式"选项卡"调整"组中的"校正"按钮，单击选中"亮度：-20%，对比度：-40%"。

（4）单击"图片工具-格式"选项卡"大小"组中"大小和位置"按钮，在"设置图片格式"窗格中设置"缩放高度"和"缩放宽度"均为20%，设置图片位置为"水平20厘米，从左上角；垂直5厘米，从左上角"。

4．插入相册，设置相册版式

（1）在"插入"选项卡"图像"组中选择"相册"→"新建相册"命令，打开"相册"对话框。插入图片选择来自"文件/磁盘"，插入素材图片"img05.jpg"-"img08.jpg"。

（2）如图3-13所示，设置相册版式为"4张图片"，相框形状为"居中矩形阴影"。

（3）选中"相册中的图片"框中的"img05"，单击插入文本"新建文本框"按钮，即在"img05"后插入"文本框"；同样操作，在"img06"后插入"文本框"。

（4）选中"img07"前的"文本框"，单击"新建文本框"按钮，即在"img07"前插入"文本框"，并自动生成第二张相册幻灯片；选中"img07"，单击"新建文本框"按钮，即在"img07"后插入"文本框"。

（5）完成设置后，单击"创建"按钮，生成包含三张幻灯片的一个新演示文稿。在第二、三张幻灯片的文本框中依次添加文本"海滩1"-"海滩4"。

（6）选中相册演示文稿中包含图片的第二、三幻灯片进行复制，粘贴至演示文稿"实训3-2.pptx"的第三张幻灯片后，粘贴时选择"使用目标主题"选项。

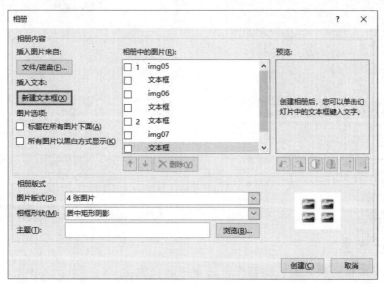

图3-13　相册内容和版式设置

【实训 3-3】

涉及的知识点

设计主题，插入、编辑、合并形状，形状的组合，插入和编辑 SmartArt 图形。

操作要求

（1）打开演示文稿"实训 3-3.pptx"，如样张所示，在第一张幻灯片中使用形状"矩形：圆角"和"梯形"制作糖果，形状样式设置为"浅色 1 轮廓，彩色填充–红色，强调颜色 5"，形状效果设置为"发光：18 磅；红色，主题色 5"，大小和摆放位置参考样张。

（2）设置第二张幻灯片的主题颜色为"紫红色"。在第二张幻灯片中插入素材图片"img01.jpg"，制作如样张所示空心"心形"形状，设置图片效果为"棱台"–"硬边缘"。

（3）如样张所示，使用 SmartArt 图形展示第三张幻灯片内容占位符中的文本，图形版式设置为"水平项目符号列表"，图形颜色设置为"彩色范围–个性色 5 至 6"，样式设置为"优雅"。

样张（见图 3-14）

图 3-14　实训 3-3 样张

操作步骤

1. 插入、编辑形状，形状的组合，设置形状样式

（1）打开素材文件"实训 3-3.pptx"，单击"插入"选项卡"插图"组中的"形状"命令，找到"矩形：圆角"形状并选中，鼠标指针即转换为十字形。在第一张幻灯片中按住鼠标左键拖拉生成圆角矩形，大小参考样张所示。

（2）插入一个"梯形"形状，大小参考样张。在梯形上右击复制，再粘贴，生成同等大小的一个梯形。选中任意一个梯形，按住【Shift】键的同时单击旋转按钮并转动，调整梯形朝向至水平。调整好两个梯形的方向后，将其移动至圆角矩形两侧，移动时可依据参考线调整位置。

（3）按住【Shift】键的同时依次单击选中圆角矩形和两个梯形，右击打开快捷菜单，选择"组合"命令，则所选的三个形状组合成为一个整体。

（4）在"图片工具-格式"选项卡"形状样式"组中找到"浅色1轮廓，彩色填充-红色，强调颜色5"形状样式，单击选中。如图3-15所示，将整体形状效果设置为"发光：18磅；红色，主题色5"。

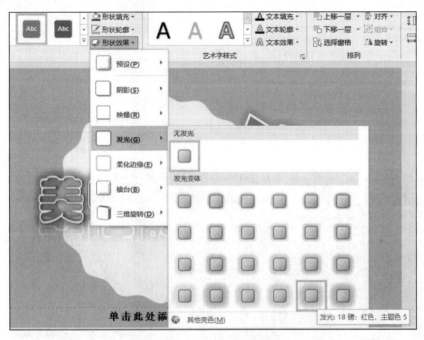

图 3-15 形状效果设置

（5）参考样张将形状整体旋转一定角度，适当调整整体大小，摆放在如样张所示位置。

2. 设置幻灯片主题，插入、编辑、合并形状

（1）选中第二张幻灯片，如图3-16所示，单击"设计"选项卡"变体"组中的"其他"按钮，在"颜色"设置菜单中找到"紫红色"并右击，在弹出的快捷菜单中选择"应用于所选幻灯片"命令。

（2）单击"插入"选项卡"图像"组中的"图片"按钮插入素材图片"img01.jpg"。

（3）单击"插入"选项卡"插图"组中的"形状"按钮，找到"心形"形状并选中，参考图3-17中的心形大小先绘制一个大心形，再按照相同步骤，在大心形中绘制一个稍小的心形。对两个心形的位置进行微调，调整时候可关注参考线位置提示。

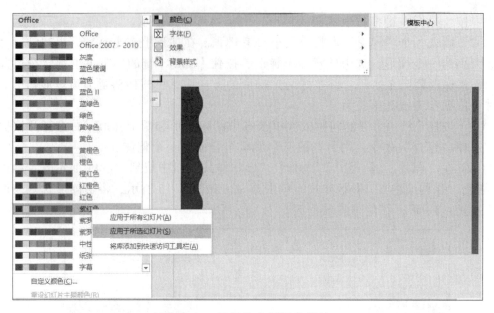

图 3-16 幻灯片主题颜色设计

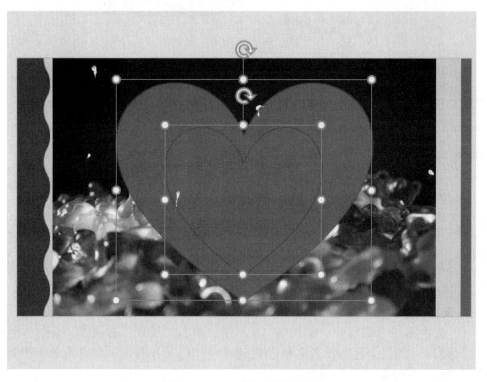

图 3-17 "心形"形状绘制

（4）先选中图片"img01.jpg"，然后按住【Shift】键的同时依次选择大心形和小心形。当全部对象选中后，图片和形状均显示控点，如图 3-18 所示。

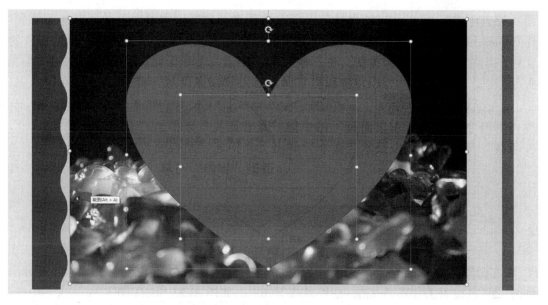

图 3-18　选中幻灯片上的操作对象

（5）在"绘图工具-格式"选项卡中选择"合并形状"中的"拆分"命令，即可看到图片"img01.jpg"按"心形"形状轮廓被拆分。依次单击选中要剔除的部分，按【Delete】键删除，即可获得空心"心形"形状。

（6）选中空心"心形"形状，在"图片工具-格式"选项卡"图片样式"组中设置"图片效果"为"棱台"-"硬边缘"。

3. 插入和编辑 SmartArt 图形

（1）选中第三张幻灯片内容占位符中的全部文本，在文本上右击，如图 3-19 所示，在快捷菜单中选择"转换为 SmartArt"命令，找到"水平项目符号列表"图形版式并选中。

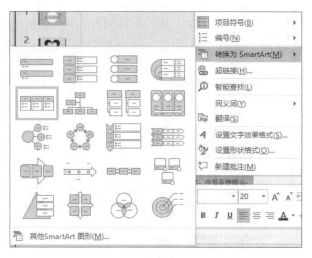

图 3-19　文本转换为 SmartArt

（2）在"SmartArt 工具–设计"选项卡"创建图形"组中单击"文本窗格"命令，打开 SmartArt 图形的文本编辑框。在文本编辑框内进行文本格式编辑，先删除每段的冒号，再将冒号后文本先按【Enter】键换行再按【Tab】键降级，编辑后效果如图 3–20所示。

图 3–20　SmartArt 文本编辑框

（3）单击"SmartArt 工具–设计"选项卡的"更改颜色"命令，如图 3–21 所示，将图形颜色设置为"彩色范围–个性色 5 至 6"。如图 3–22 所示，在"SmartArt 样式"组的"快速样式"中找到"优雅"样式并单击选中。

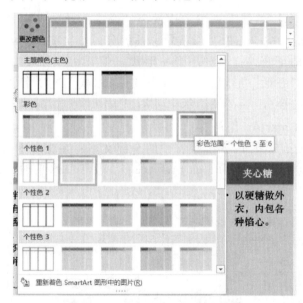

图 3–21　SmartArt 图形更改颜色

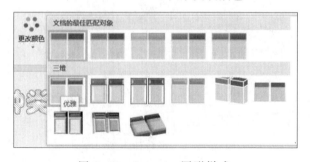

图 3–22　SmartArt 图形样式

【实训 3-4】

涉及的知识点

插入和编辑表格、图表，创建和编辑艺术字，插入音频和视频。

操作要求

（1）打开演示文稿"实训 3-4.pptx"，设置第一张幻灯片的标题为艺术字，艺术字样式为"填充：白色；边框：褐色，主题色 2；清晰阴影：褐色，主题色 2"，文本效果为"波形：下"。

（2）使用素材"bgm.mp3"为演示文稿添加背景音乐，要求音乐在全部幻灯片放映过程中自动连续播放。

（3）在第二张幻灯片中添加表格，内容为素材"实训 3-4.xlsx"的"Sheet1"工作表中的内容。设置表格样式为"浅色样式 2-强调 6"，参考样张适当调整表格和字体大小。

（4）如样张所示，在第三张幻灯片中的左侧以 Excel 电子表格形式插入素材"实训 3-4.xlsx"的"Sheet2"工作表中的内容。

（5）在第三张幻灯片中的右侧嵌入素材视频文件"video.wmv"，设置为自动放映。

（6）使用素材"实训 3-4.xlsx"的"Sheet3"工作表中的内容，在第四张幻灯片中创建如样张所示簇状柱形图，设置图表样式为"样式 3"。

样张（见图 3-23）

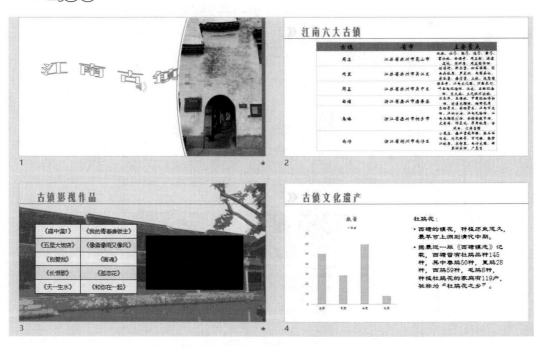

图 3-23　实训 3-4 样张

操作步骤

1. 创建和编辑艺术字

（1）打开素材文件"实训 3-4.pptx"，选中第一张幻灯片的标题文字，如图 3-24 所示，单击"绘图工具-格式"选项卡的"艺术字样式"中"填充：白色；边框：褐色，主题色 2；清晰阴影：褐色，主题色 2"的艺术字样式。

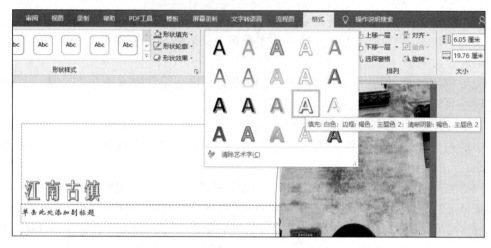

图 3-24　艺术字样式

（2）保持艺术字文本编辑状态，如图 3-25 所示，单击"艺术字样式"的"文本效果"下拉列表中选择"转换"命令，找到"波形：下"文本效果。

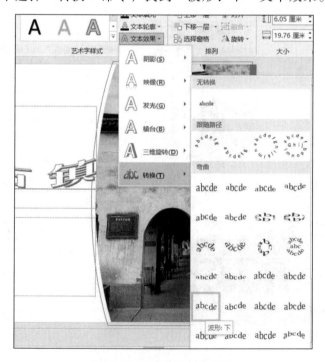

图 3-25　艺术字文本效果

2．插入音频

（1）选中第一张幻灯片，在"插入"选项卡中选择"媒体"组的"音频"命令，插入素材"bgm.mp3"。

（2）在"音频工具-播放"选项卡"音频选项"组中进行设置，如图 3-26 所示。

图 3-26　音频选项设置

3．插入和编辑表格

（1）选中第二张幻灯片，在"插入"选项卡中选择"表格"组的"插入表格"命令，插入一个 7 行 3 列的表格。

（2）复制素材"实训 3-4.xlsx"的"Sheet1"工作表中的内容，粘贴进第二张幻灯片的表格中。

（3）如图 3-27 所示，单击"表格工具-设计"选项卡的"表格样式"组中的"浅色样式 2-强调 6"样式。

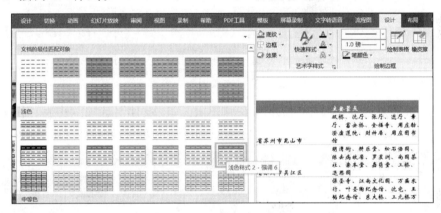

图 3-27　表格样式设计

（4）参考样张，拖动表格控点调整表格大小，在"开始"选项卡中适当调整表格中文字的字体大小和对齐方式。

4．插入 Excel 电子表格

复制"Sheet2"工作表中的内容，在第三张幻灯片中右击，如图 3-28 所示，选择"嵌入"粘贴，将内容以 Excel 电子表格形式插入。参考样张移动表格位置至幻灯片左侧。

图 3-28　嵌入 Excel 电子表格

5．插入视频

在第三张幻灯片的右侧占位符中单击"插入视频文件"按钮，选择素材视频文件"video.wmv"插入。在"视频工具-播放"选项卡"视频选项"组中设置"开始"为"自动"。

6．插入和编辑图表

（1）选中第四张幻灯片，在左侧占位符中单击"插入图表"按钮，在图表类型中选择"簇状柱形图"插入。

（2）复制素材"实训 3-4.xlsx"的"Sheet3"工作表中的内容，粘贴于演示文稿的图表对应的 Excel 单元格中。如图 3-29 所示，调整单元格的框选范围，去除多余单元格内容。编辑完成后关闭图表编辑窗口。

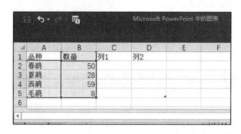

图 3-29　演示文稿图表内容编辑

（3）选中图表，如图 3-30 所示，在"图表工具-设计"选项卡中将"图表样式"设置为"样式 3"。

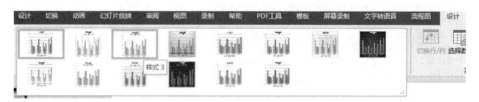

图 3-30　图表样式

【实训 3-5】

涉及的知识点

设置主题、背景格式，使用母版，插入页眉页脚，应用逻辑节。

操作要求

（1）打开演示文稿"实训 3-5.pptx"，将演示文稿的主题设置为"回顾"。

（2）设置第一张幻灯片的背景为"粉色面巾纸"纹理填充，透明度为 50%。第二张幻灯片的背景样式设置为"样式 9"。第三张幻灯片的背景图案填充为"点线：5%"，前景"红色"。第四张幻灯片的背景设置为"浅色渐变-个性色 2"渐变填充，类型为"路径"，并隐藏背景图形。

（3）编辑幻灯片母版，设置所有幻灯片的标题字体为华文琥珀、字号 54；文本字体为华文楷体、字号 28。

（4）在除标题幻灯片以外的所有幻灯片中插入自动更新的日期和时间、幻灯片页码、页脚，字号 28。页脚内容为"美味的草莓"。页码格式为"第 x 页"，字体颜色为橙色，位置置于幻灯片的右上角。

（5）为演示文稿创建 3 个节，其中"标题"节中包含第一张幻灯片，"内容"节包含第二、三张幻灯片，"相册"节包含最后一张幻灯片。

（样张）（见图 3-31）

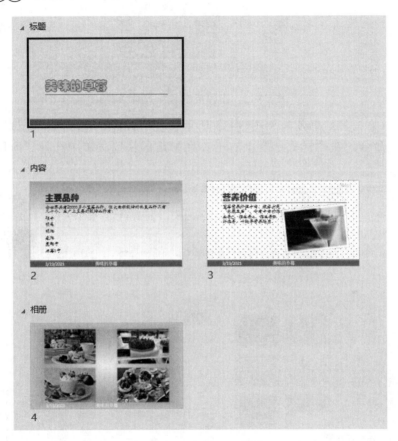

图 3-31　实训 3-5 样张

具体步骤

1. 设置演示文稿主题

打开素材文件"实训 3-5.pptx"，单击"设计"选项卡中找到"回顾"主题。

2. 设置背景格式

（1）选中第一张幻灯片，单击"设计"选项卡"自定义"组的"设置背景格式"命令，弹出"设置背景格式"任务窗格，如图 3-32 所示，设置背景为"图片或纹理填充"中的"粉色面巾纸"纹理填充，透明度为 50%。

图 3-32　图片或纹理填充背景

（2）选中第二张幻灯片，如图 3-33 所示，在"设计"选项卡"变体"组中选择"背景样式"命令，在"样式 9"上右击，在弹出的快捷菜单中选择"应用于所选幻灯片"命令。

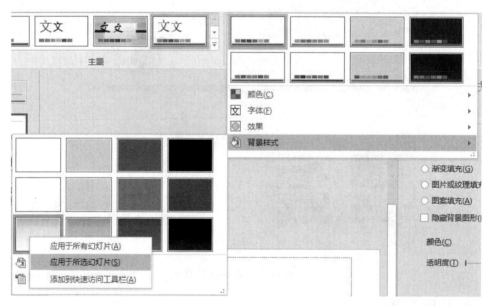

图 3-33　背景样式设置

（3）选中第三张幻灯片，如图 3-34 所示，在"设置背景格式"任务窗格中选择"图案填充"单选按钮，在图案样式中选择"点线：5%"，前景色选择标准色"红色"。

（4）选中第四张幻灯片，如图 3-35 所示，在"设置背景格式"任务窗格中选择"渐变填充"单选按钮，在"预设渐变"中选择"浅色渐变-个性色 2"，类型设置为"路径"，并勾选"隐藏背景图形"复选框。

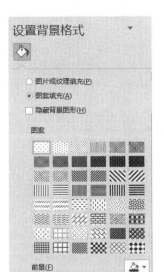

图 3-34　图案填充背景　　　　　图 3-35　渐变填充背景

3．编辑幻灯片母版

在"视图"选项卡"母版视图"组中选择"幻灯片母版"按钮，进入幻灯片母版编辑界面。如图 3-36 所示，单击选中最上面的"回顾 幻灯片母版"，先选中标题占位符，在"开始"选项卡中设置字体为华文琥珀、字号 54；再选中文本占位符，设置字体为华文楷体、字号 28。在"幻灯片母版"选项卡中单击"关闭母版视图"按钮，可以查看所有幻灯片中的字体变化。

图 3-36　母版视图字体设置

4．插入页眉页脚

（1）在"插入"选项卡"文本"组中选择"页眉和页脚"按钮，如图 3-37 所示，选中"日期和时间""幻灯片编号""页脚""标题幻灯片中不显示"复选框，选中"自动更新"单选按钮，页脚内容填写为"美味的草莓"。设置完成后单击"全部应用"按钮。

图 3-37　页眉和页脚设置

（2）在"视图"选项卡中选择"幻灯片母版"按钮，单击选中最上面的"回顾 幻灯片母版"，按住【Shift】键的同时单击选中底部的日期和时间、页脚、幻灯片页码所在的三个占位符，在"开始"选项卡中设置字号为 28。

（3）如图 3-38 所示，在页码域"<#>"的前后分别输入文本"第"和"页"，适当调整文本框大小。选中页码文本框，在"开始"选项卡中设置字体颜色为橙色，并移动文本框至幻灯片右上角。

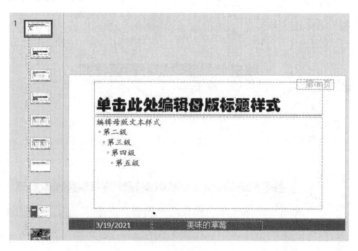

图 3-38　设置页码格式

（4）选中页码文本框，按快捷键【Ctrl+C】复制，关闭母版视图后回到普通视图，依次在第二、三、四张幻灯片中选中原页码文本框，按【Delete】键删除，再按快捷键【Ctrl+V】粘贴新格式的页码文本框。

5．应用逻辑节

在第一张幻灯片前的位置右击，如图 3-39 所示，在弹出的快捷菜单中选择"新增节"命令，并在弹出的"重命名节"对话框中输入节名称"标题"，单击"重命名"按钮。依次在第二、四张幻灯片前右击新增两个节，节名称分别为"内容"和"相册"。

图 3-39　添加逻辑节

【实训 3-6】

涉及的知识点

插入 SmartArt 图形、设置超链接、幻灯片切换。

操作要求

（1）打开演示文稿"实训 3-6.pptx"，如样张所示，将第二张幻灯片中的内容文本转换为 SmartArt 图形，图形版式设置为"垂直项目符号列表"，图形颜色设置为"彩色轮廓-个性色 1"。

（2）为 SmartArt 图形中的每个形状依次添加超链接，链接至第三、四、五张幻灯片。

（3）为第二张幻灯片中的图片添加超链接，链接至第六张幻灯片。

（4）如样张所示，为第三张幻灯片内容占位符中的文本"苏州摩天轮"创建返回第二张幻灯片的超链接。设置已访问的超链接颜色为"红色"。

（5）如样张所示，为第四、五张幻灯片添加返回第二张幻灯片的动作按钮，形状为"动作按钮：后退或前一项"。设置按钮形状样式为"中等效果-青绿，强调颜色 4"。

（6）将全部幻灯片的切换方式设置为"摩天轮"，效果选项设置为"自左侧"，持续时间 1.5 秒，自动换片时间 3 秒。

样张（见图 3-40）

图 3-40　实训 3-6 样张

操作步骤

1. 文本转换为 SmartArt 图形

打开素材文件"实训 3-6.pptx",选中第二张幻灯片内容占位符中的全部文本,在文本上右击,如图 3-41 所示,在弹出的快捷菜单中选择"转换为 SmartArt"命令,找到"垂直项目符号列表"图形版式并选中。单击"SmartArt 工具-设计"选项卡"SmartArt 样式"组的"更改颜色"按钮,如图 3-42 所示,将图形颜色设置为"彩色轮廓-个性色 1"。

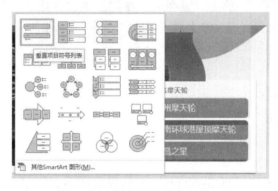

图 3-41　文本转换为 SmartArt

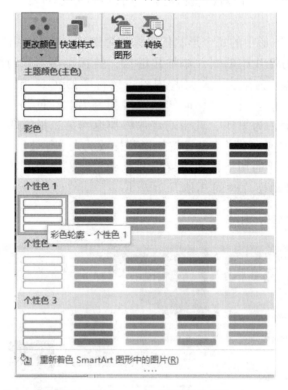

图 3-42　SmartArt 图形更改颜色

2. 设置形状的超链接

选中 SmartArt 图形中的第一个形状,在"插入"选项卡选择"链接"组的"超链接"按钮，打开"插入超链接"对话框。如图 3-43 所示，设置链接位置为"本文档中的位置"中的第三张幻灯片，单击"确定"按钮。第二、三个形状的超链接类似。

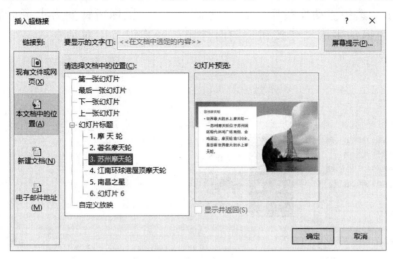

图 3-43 插入超链接

3．设置图片的超链接

选中第二张幻灯片中的图片，在"插入"选项卡"链接"组的"超链接"命令，打开"插入超链接"对话框，设置链接位置为"本文档中的位置"中的第六张幻灯片，单击"确定"按钮。

4．设置文本的超链接

（1）选中第三张幻灯片内容占位符中的文本"苏州摩天轮"，在"插入"选项卡"链接"组的"超链接"命令，打开"插入超链接"对话框，设置链接位置为"本文档中的位置"中的第二张幻灯片，单击"确定"按钮。

（2）在"设计"选项卡"变体"组中单击"其他"命令，如图 3-44 所示，在"颜色"级联菜单中选择"自定义颜色"命令，打开"新建主题颜色"对话框。如图 3-45 所示，设置"已访问的超链接"为标准色"红色"，单击"保存"按钮。

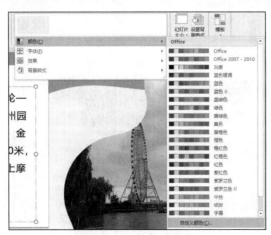

图 3-44 自定义颜色

5. 设置动作按钮

（1）选中第四张幻灯片，单击"插入"选项卡"插图"组的"形状"按钮，如图 3-46 所示，选中"动作按钮：后退或前一项"，鼠标指针变为十字形后在第四张幻灯片右下角拖动生成动作按钮，同时弹出"操作设置"对话框。

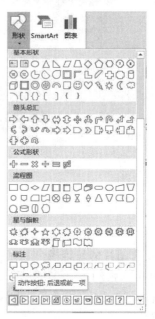

图 3-45　新建主题颜色　　　　　　　图 3-46　插入动作按钮

（2）在"操作设置"对话框中选择超链接到"幻灯片"选项，弹出"超链接到幻灯片"对话框。如图 3-47 所示，选中第二张幻灯片，单击"确定"按钮，返回"操作设置"对话框，单击"确定"按钮。

图 3-47　动作按钮超链接设置

（3）选中按钮形状，在"绘图工具-格式"选项卡的"形状样式"组中选择"中等效果–青绿，强调颜色 4"，如图 3-48 所示。

（4）选中按钮形状，按快捷键【Ctrl+C】复制；选中第五张幻灯片，按快捷键【Ctrl+V】粘贴，则将动作按钮连同已设置的超链接复制到了第五张幻灯片上。

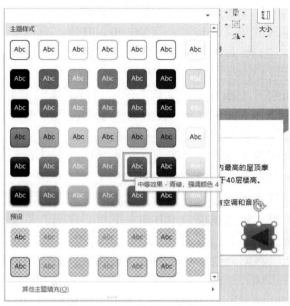

图 3-48　设置形状样式

6．幻灯片切换效果

选中任意一张幻灯片，在"切换"选项卡的"切换到此幻灯片"组中选中"摩天轮"效果，在"效果选项"中选择"自左侧"，如图 3-49 所示。设置持续时间 1.5 秒，自动换片时间 3 秒，如图 3-50 所示。最后单击"应用到全部"命令，将全部幻灯片的切换方式统一设置。

图 3-49　幻灯片切换方式设置

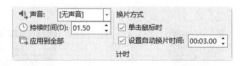

图 3-50　设置换片时间

【实训 3-7】

涉及的知识点

设置对象动画，插入文本框、形状、图片，幻灯片切换效果。

操作要求

（1）打开演示文稿"实训 3-7.pptx"，为第一张幻灯片中的每张图片设置"伸展"

的进入动画样式，效果选项为"自顶部"，开始时间全部设置为"上一动画之后"，持续时间2秒，动画声效为"风铃"。

（2）为第二张幻灯片的SmartArt图形添加"随机线条"的进入动画样式，效果选项为"方向：垂直；序列：一次级别"。

（3）在第三张幻灯片中添加三个文本框，内容为"巧"、"克"、"力"三个字，位置参考样张，字体为"华文琥珀"，字号100，白色。为每个字添加"翻转式由远及近"的进入效果、"S形曲线1"动作路径及"旋转"的退出效果，开始时间均设置为"上一动画之后"。

（4）在第四张幻灯片中添加"图文框"形状，样式为"彩色轮廓-红色，强调颜色1"，高度19厘米，宽度15厘米，位置为"水平位置2厘米，从左上角；垂直位置0厘米，从左上角"。使用素材图片"img01.jpg"～"img04.jpg"，适当调整图片大小并排成一列，制作图片逐个在"图文框"形状中向上移动的动画效果，开始时间设置为"与上一动画同时"，持续时间5秒。

（5）为第五张幻灯片内容占位符中的文本"巧克力……可可粉"添加动画，样式为"浮入"的进入效果，效果选项为"方向：下浮；序列：作为一个对象"。开始时间设置为"上一动画之后"，持续时间1秒。

（6）如样张所示，在第六张幻灯片的右上角插入"心形"形状，设置当单击"心形"时，当前幻灯片中图片呈现"阶梯状"的进入动画效果。

（7）将全部幻灯片的切换方式设置为"推入"，效果选项设置为"自右侧"，持续时间1秒，自动换片时间5秒。

样张（见图3-51）

图3-51 实训3-7样张

操作步骤

1. 设置动画样式和声效

（1）打开素材文件"实训3-7.pptx"，选中第一张幻灯片中的第一张图片，在"动画"选项卡的"动画"组中单击"更多进入效果"命令，如图 3-52 所示，在对话框中的"温和"效果组找到"伸展"效果，选中后单击"确定"按钮。

图 3-52　设置进入效果动画样式

（2）如图 3-53 所示，在"动画"选项卡的"效果选项"按钮下拉列表中选择"自顶部"命令。如图 3-54 所示设置"计时"组，开始时间设置为"上一动画之后"，持续时间 2 秒。

图 3-53　设置动画效果选项　　　　　图 3-54　动画计时设置

（3）单击"动画"选项卡"高级动画"组的"动画窗格"命令，如图 3-55 所示，在打开的"动画窗格"窗格中单击当前图片的菜单按钮，选择"效果选项"命令，即打开"伸展"对话框。如图 3-56 所示，在"声音"下拉列表中选择"风铃"效果，单击"确定"按钮。

图 3-55 "动画窗格"功能

图 3-56 效果选项设置

（4）选中已设置好动画效果的第一张图片，如图 3-57 所示，在"动画"选项卡"高级动画"组中双击"动画刷"按钮，鼠标指针旁随即带上刷形。依次单击第二、三张图片，即将动画效果复制至其余两张图片上。再次单击"动画刷"按钮退出动画复制状态。

图 3-57 动画刷功能

2. 设置动画样式

在第二张幻灯片中选中整个 SmartArt 图形框，在"动画"选项卡"动画"组中选择"进入"组的"随机线条"。如图 3-58 所示，在"效果选项"中设置"方向：垂直；序列：一次级别"。

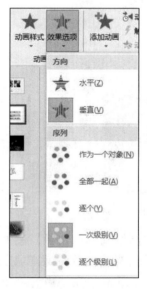

图 3-58 效果选项设置

174

3. 插入文本框并添加动画

（1）选中第三张幻灯片，在"插入"选项卡"文本"组中选择"文本框"→"横排文本框"命令，参考样张位置，在幻灯片上单击，输入文本"巧"，并设置字体为"华文琥珀"，字号100，白色。

（2）选中文本框，在"动画"选项卡的"动画"组中选择"翻转式由远及近"的进入效果，然后在"高级动画"组中选择"添加动画"按钮，如图3-59所示，选择"其他动作路径"命令，打开"添加动作路径"对话框，如图3-60所示，找到"S形曲线1"样式选中后单击"确定"按钮。继续在文本框选中状态下单击"添加动画"按钮，在"退出"样式组中找到"旋转"效果，单击选中。

图 3-59 添加动画　　　　　　　　图 3-60 "添加动作路径"对话框

（3）打开"动画窗格"，按快捷键【Ctrl+A】全选，如图3-61所示，在"计时"组中设置"开始"时间为"上一动画之后"。

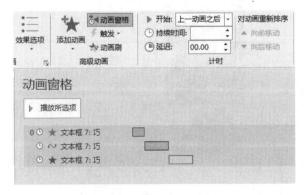

图 3-61 "动画窗格"设置

（4）选中"巧"字文本框，按快捷键【Ctrl+C】复制，按快捷键【Ctrl+V】两次，粘贴出两个文本框，同时也复制了"巧"字的动画效果。将文本框内文本依次修改为"克"和"力"，参考样张位置摆放。

4．插入形状、图片并设置格式

（1）选中第四张幻灯片，在"插入"选项卡的"形状"下拉列表中找到"图文框"形状并单击选中，在幻灯片中拖拉鼠标指针，绘制出一个图文框。

（2）在"绘图工具-格式"选项卡"形状样式"组中选择"彩色轮廓-红色，强调颜色1"样式。

（3）在"绘图工具-格式"选项卡"大小"组中单击"大小和位置"按钮，打开"设置形状格式"窗格，设置图文框的高度为19厘米，宽度为15厘米，位置为"水平位置2厘米，从左上角；垂直位置0厘米，从左上角"。

（4）在"插入"选项卡中选择"图片"按钮插入图片"img01.jpg"，如图3-62所示，适当调整图片大小，使其宽度不超过图文框宽度。依次插入图片"img02.jpg"~"img04.jpg"，参考图片"img01.jpg"调整大小，并排成一列，如图3-63所示。排列时可适当缩小幻灯片显示比例，以完整查看图片。

图3-62　插入图片

图3-63　排列图片

（5）按住【Shift】键，依次单击四张图片，将其同时选中。如图 3-64 所示，在图片上右击，在快捷菜单中选择"另存为图片"命令，选好保存位置后即保存了一张组合图片。保存完毕后按【Delete】键将幻灯片中的四张图片删除。

（6）通过"插入"选项卡的"图片"按钮将上一步保存的组合图片插入至幻灯片中，适当调整大小和位置。如图 3-65 所示，在"图文框"形状上右击，选择"置于顶层"命令，则呈现图片显示于图文框中的效果。

图 3-64　另存为图片

图 3-65　设置图层顺序

（7）选中组合图片，在"动画"选项卡中选择"直线"动作路径的动画样式，如图 3-66 所示，"效果选项"设置为"上"。按住【Shift】键的同时，用鼠标左键向上拖拉动作路径的红色尾部端点，长度参考图 3-67。

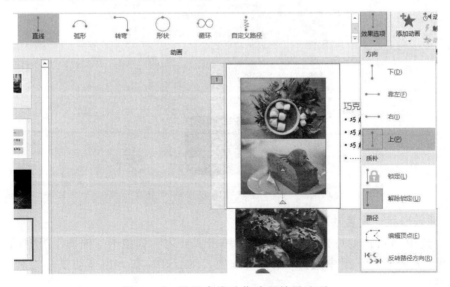

图 3-66　设置直线动作路径效果选项

图 3-67　动作路径长度设置

（8）保持选中组合图片的状态，如图 3-68 所示，在"计时"组中设置开始时间为"与上一动画同时"，持续时间 5 秒。

图 3-68　设置开始和持续时间

5．为文字添加动画效果

单击选中第五张幻灯片内容占位符的框，单击"动画"选项卡"动画"组的"其他"按钮，在打开的"动画样式"下拉菜单中选择"进入"组的"浮入"选项。设置"效果选项"为"方向：下浮；序列：作为一个对象"，开始时间为"上一动画之后"，持续时间 1 秒，如图 3-69 所示。

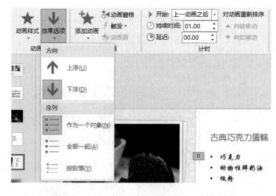

图 3-69　浮入动画效果选项设置

6．插入形状，设置动画效果触发器

（1）选中第六张幻灯片，参考样张，单击"插入"选项卡"插图"组中的"形状"按钮，在"基本形状"组中选择"心形"选项，在幻灯片右上角拖动鼠标绘制一个"心形"形状。

（2）选中幻灯片中图片，单击"动画"选项卡的"动画"组的"其他"按钮，在打开的"动画样式"下拉菜单中选择"更多进入效果"命令，在弹出的"更改进入效果"对话框的"基本型"组中选择"阶梯状"选项。

图 3-70 动画触发设置

（3）保持选中图片状态，单击"高级动画"组中的"触发"按钮，设置动画效果触发器为通过单击"心形 1"，如图 3-70 所示。

7. 设置幻灯片切换效果

选中任意一张幻灯片，在"切换"选项卡"切换到此幻灯片"组中选择"推入"命令，单击"效果选项"按钮，在打开的下拉列表中选择"自右侧"命令。在"计时"组中设置持续时间 1 秒，自动换片时间 5 秒。最后单击"应用到全部"命令，将全部幻灯片的切换方式统一设置。

【实训 3-8】

涉及的知识点

幻灯片切换效果、幻灯片放映设置、演示文稿的导出。

操作要求

（1）打开演示文稿"实训 3-8.pptx"，将全部幻灯片的切换方式设置为"百叶窗"，自动换片时间 2 秒；设置第一、三张幻灯片的切换效果选项为"垂直"，第二、四张幻灯片的切换效果选项为"水平"。

（2）设置幻灯片放映方式为"观众自行浏览（窗口）"，且循环放映直至按【Esc】键终止。

（3）设置自定义放映方案，命名为"蛋糕制作"，包含第一、三、四张幻灯片，且放映顺序为第一、第四、第三张幻灯片。

（4）将演示文稿导出成视频文件，命名为"video.mp4"，视频质量为"标准（480p）"，不使用计时和旁白，放映每张幻灯片的秒数设置为 2 秒。

样张 （见图 3-71）

图 3-71 实训 3-8 样张

操作步骤

1. 设置幻灯片切换效果

（1）选中任意一张幻灯片，在"切换"选项卡"切换到此幻灯片"组中选中"百叶窗"效果，效果选项默认为"垂直"。在"计时"组中设置自动换片时间 2 秒，单击"应用到全部"命令。

（2）选中第二张幻灯片，再按住【Ctrl】键选中第四张幻灯片，则两张幻灯片被同时选中，然后在"效果选项"按钮的下拉列表中选择"水平"命令。

2. 设置幻灯片放映方式

单击"幻灯片放映"选项卡"设置"组中的"设置幻灯片放映"按钮，弹出"设置放映方式"对话框。如图 3-72 所示，设置放映类型为"观众自行浏览（窗口）"，放映选项为"循环放映，按【Esc】键终止"。

图 3-72　设置放映方式

3. 设置自定义放映方案

单击"幻灯片放映"选项卡的"自定义幻灯片放映"按钮，在弹出的"自定义放映"对话框中选择"新建"按钮，出现"定义自定义放映"对话框。如图 3-73 所示，设置幻灯片放映名称为"蛋糕制作"；选中对话框中左侧的第一、三、四张幻灯片，单击"添加"按钮添加至右侧自定义放映框内，然后在右侧框内选中最后一张幻灯片，单击"向上"按钮，则可将放映顺序调整为第一、第四、第三张幻灯片，单击"确定"按钮。

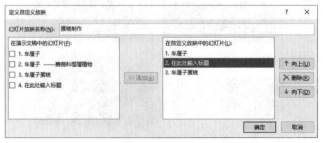

图 3-73　"定义自定义放映"对话框

4．导出演示文稿

选择"文件"选项卡的"导出"命令，如图 3-74 所示，选择"创建视频"功能，设置视频质量为"标准（480p）"，"不要使用录制的计时和旁白"，放映每张幻灯片的秒数设置为 2 秒，单击"创建视频"按钮。在弹出的"另存为"对话框中选择保存位置，设置文件名为"video.mp4"，单击"保存"按钮。

图 3-74　演示文稿导出视频

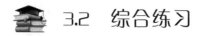 3.2　综合练习

【综合练习 3-1】

涉及的知识点

设置背景、主题、幻灯片版式，插入和设置 SmartArt 图形，插入超链接，动画效果。

操作要求

对演示文稿"lx3-1.pptx"进行美化，要求如下：

（1）为第一张幻灯片设置图片"海.jpg"作为背景图片，透明度设置为 20%，将图片平铺为纹理。

（2）将全部幻灯片的主题设置为"框架"；将第三至六张幻灯片的版式设置为"两栏内容"。

（3）如样张所示，在第二张幻灯片中插入 SmartArt 图形"基本循环"，只保留 2 个循环流程并输入文本"历史景点"和"岛屿旅游"；设置整个 SmartArt 图形高度为 3 厘米，宽度为 10 厘米，放置位置如样张所示。

（4）为 SmartArt 图形中的两个文本框分别设置超链接，"历史景点"链接至第三张幻灯片，"岛屿旅游"链接至第四张幻灯片，给第三张幻灯片中的图片设置返回第二张幻灯片的超链接。

（5）为第四、五、六张幻灯片中的图片设置"伸展"的进入动画，持续时间为 3 秒，上一动画之后开始。

样张（见图 3-75）

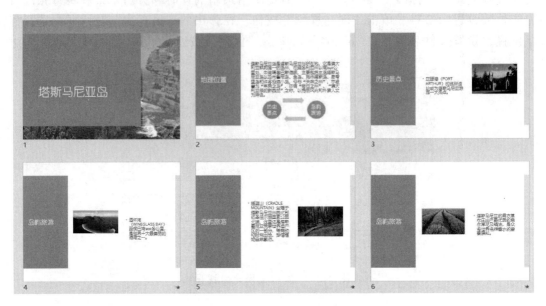

图 3-75　综合练习 3-1 样张

步骤提示

1. 设置背景

使用"设置背景格式"命令，弹出"设置背景格式"任务窗格如图 3-76 所示，在图片源中选择"海.jpg"插入，设置透明度为 20%，勾选"将图片平铺为纹理"复选框。

图 3-76　设置背景格式

2．设置主题、版式

在"设计"选项卡中找到"框架"主题，单击选中。结合【Shift】键同时选中第三至六张幻灯片，在"幻灯片"组中设置"版式"为"两栏内容"。

3．插入和设置 SmartArt 图形

选中第二张幻灯片，插入 SmartArt 图形，在"选择 SmartArt 图形"对话框中选择"循环"类别组中的"基本循环"；如图 3-77 所示，打开 SmartArt 图形的文本窗格，删除多余的项目符号，在剩余的两个项目符号后输入文本；打开"设置形状格式"任务窗格，设置 SmartArt 图形大小，按样张调整位置。

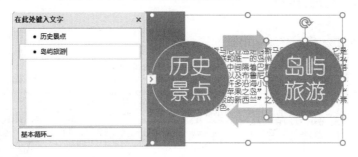

图 3-77　添加 SmartArt 图形文本

4．设置超链接

选中第二张幻灯片中 SmartArt 图形的文本框、第三张幻灯片中的图片并插入超链接。

5．动画效果

"伸展"的动画样式在"更多进入效果"中。设置第四张幻灯片中图片的动画样式、持续时间和开始时间后，使用"动画刷"按钮复制动画效果至第五、六张幻灯片中的图片。

【综合练习 3-2】

涉及的知识点

设置主题，幻灯片版式，插入图片，动画效果，创建图片相册，幻灯片的切换效果，编辑母版，插入页眉页脚。

操作要求

对演示文稿"lx3-2.pptx"进行美化，要求如下：

（1）为所有幻灯片添加"肥皂"主题，修改主题颜色为"视点"，主题字体为"Corbel 华文楷体"。

（2）将第二张幻灯片的版式修改为"两栏内容"，修改右侧占位符形状为"心形"并插入图片"1.png"。

（3）为第二张幻灯片中的对象依次设置动画效果：为左侧文字设置"字体颜色"的强调动画效果：红色、按段落，上一动画之后开始，持续时间为 1 秒；为图片设置"弹跳"的进入动画效果，持续时间为 1.5 秒。

（4）利用素材文件夹下的"2.png"~"9.png"8张图片创建相册，要求每页幻灯片显示4张图片，相框的形状为"简单框架，白色"；将生成的相册中的第二、三张幻灯片复制到演示文稿"lx3-2.pptx"的最后，作为第三、四张幻灯片。

（5）设置所有幻灯片切换方式为"翻转"，效果选项"向左"，声音为"风铃"，自动换片时间为3秒。

（6）通过编辑幻灯片母版，为第二至四张幻灯片添加如样张所示"第‹#›页，共4页"的页码，并添加页脚"美味的巧克力"，页脚位置如样张所示。

样张（见图3-78）

图3-78 综合练习3-2样张

步骤提示

1. 设置主题

在"设计"选项卡中找到"肥皂"主题，单击选中，在"变体"组中设置主题颜色和主题字体，如图3-79和图3-80所示。

2. 修改幻灯片版式、占位符形状

（1）右击第二张幻灯片，在快捷菜单中修改幻灯片版式为"两栏内容"。

（2）在幻灯片编辑区中选中右侧占位符，在"图片工具-格式"选项卡"插入形状"组中选择"编辑形状–更改形状"命令，在"基本形状"中找到"心形"，单击选中。

（3）在占位符中单击"图片"快捷插入按钮，插入图片"1.png"。

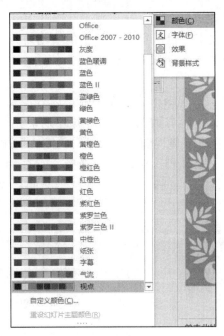

图 3-79　设置主题颜色

图 3-80　设置主题字体

3．设置动画效果

为文字设置动画效果时，应选中整个文本框后再进行添加。

4．创建相册

利用"插入"选项卡中的"新建相册"命令进行创建。

5．设置幻灯片切换效果

选中任意一张幻灯片，在"切换"选项卡中按要求设置切换效果，最后单击"应用到全部"按钮。

6．编辑母版，插入页眉页脚

（1）单击"视图"选项卡"母版视图"组中的"幻灯片母版"按钮，在母版视图查看导航窗格，可见"两栏内容"版式由幻灯片2使用，"空白"版式由幻灯片3-4使用。

（2）如图3-81和图3-82所示，分别在"两栏内容"和"空白"母版版式的幻灯片编号占位符中进行修改，内容修改为"第‹#›页，共4页"，如图3-83所示。

（3）关闭母版视图，返回普通视图界面。单击"插入"选项卡"文本"组中的"页眉和页脚"按钮，在"页眉和页脚"对话框中选择"幻灯片编号"、"页脚"、"标题幻灯片中不显示"复选框，"页脚"框中输入"美味的巧克力"，单击"全部应用"按钮即可。

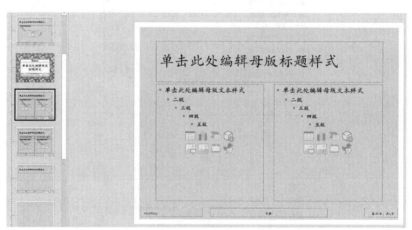

图 3-81 "两栏内容"母版版式

图 3-83 插入页眉页脚

图 3-82 修改母版幻灯片
编号占位符内容

【综合练习 3-3】

涉及的知识点

演示文稿的新建和保存，文本信息编辑，幻灯片版式，插入和编辑 SmartArt 图形，表格，设置对象动画，幻灯片放映设置。

操作要求

（1）创建一个新演示文稿，主题为"平面"，内容需要包含"信息技术概述.docx"文件中的所有要点，具体要求包括：

① 演示文稿中的内容编排需要严格遵循 Word 文档中的内容顺序，并需要包含所有文字内容。

② Word 文档中应用了"标题 1"样式的文字，需要成为演示文稿中每页幻灯片的标题文字。

③ Word 文档中应用了"标题 2"样式的文字，需要成为演示文稿中每页幻灯片的第一级文本内容。

④ Word 文档中应用了"标题 3"样式的文字，需要成为演示文稿中每页幻灯片的第二级文本内容。

（2）设置演示文稿第一张幻灯片的版式为"标题幻灯片"，第二至六张幻灯片的版式为"标题和内容"。

（3）在标题为"信息技术的发展"的幻灯片页中，将内容占位符中的文本利用 SmartArt 图形展现，样式为"连续块状流程"，颜色设置为"彩色范围–个性色 2 至 3"。为 SmartArt 图形添加"飞入"的进入动画效果，效果选项为"方向：自左侧；序列：逐个"。

（4）将标题为"常用的进位计数制"幻灯片页中的表格样式设置为"浅色样式 1–强调 2"。

（5）在该演示文稿中创建一个演示方案，该演示方案包含第一、二、四、六张幻灯片，并将该演示方案命名为"放映方案 1"。

（6）保存制作完成的演示文稿，并将其命名为"lx3–3.pptx"。

样张（见图 3-84）

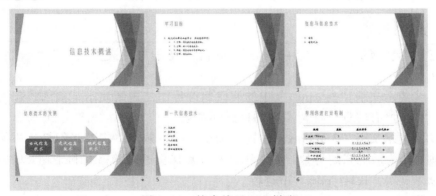

图 3-84　综合练习 3-3 样张

步骤提示

将 Word 文档中的内容导入 PowerPoint 演示文稿中，例如，采用"大纲视图"编辑文本的方法，在创建好演示文稿后，切换至"大纲视图"，如图 3-85 所示，将 Word 文档中的内容导入演示文稿内，并进行编辑。亦可采用直接在 PowerPoint 程序中打开 Word 文档的方式直接导入内容，再进行编辑。

图 3-85　大纲视图文本编辑

【综合练习 3-4】

涉及的知识点

演示文稿的新建和保存，幻灯片复制、插入，主题设计，文本信息编辑，插入图表、图片，设置对象动画，超链接，添加页脚，幻灯片切换效果。

操作要求

创建一个新演示文稿"lx3-4.pptx"，内容由素材文件夹里的文件整合制作而成，要求如下：

（1）将演示文稿"1-2.pptx"中的两张幻灯片添加进新演示文稿内，作为前两张幻灯片，要求所有幻灯片保留原来的格式和主题。

（2）为演示文稿"3-6.pptx"设置"画廊"的主题，并将三张幻灯片添加进新演示文稿内，作为后三张幻灯片，要求所有幻灯片保留原来的格式和主题。以后的操作均在新演示文稿"lx3-4.pptx"中进行。

（3）在"lx3-4.pptx"的第三张幻灯片后插入一张"画廊"主题下版式为"标题

和内容"的幻灯片，内容需要包含素材文件"制作工序.docx"文件中的所有文本。其中，Word 文档中应用了"标题 1"样式的文字设置为幻灯片的标题，应用了"标题 2"样式的文字设置为幻灯片的第一级文本内容。

（4）为第四张幻灯片中的内容文本添加"挥鞭式"的进入动画样式，开始时间为"上一动画之后"。

（5）为第五张幻灯片添加标题文本"制作原料"，使用"制作原料.xlsx"文件中的内容在幻灯片左侧占位符中添加"条形图"。在右侧占位符中插入图片"img01.jpg"，图片样式设置为"映像棱台，白色"。

（6）将第二张幻灯片的标题文本链接到第四张幻灯片，并在第四张幻灯片中设置返回第二张幻灯片的动作按钮。

（7）除标题页外，为幻灯片添加页脚，页脚内容为"美味的面包"。

（8）为所有幻灯片设置"显示"的切换效果，自动换片时间 3 秒。

样张（见图 3-86）

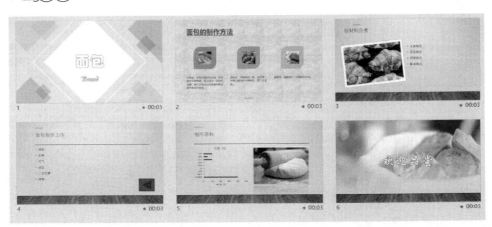

图 3-86　综合练习 3-4 样张

步骤提示

1．创建演示文稿，复制粘贴幻灯片

创建新演示文稿时，先打开 PowerPoint，生成一个未保存的新演示文稿，然后删除原有空白幻灯片后再开始复制、粘贴。如图 3-87 所示，粘贴幻灯片时要选择"保留源格式"选项。

图 3-87　保留源格式粘贴

2．设置超链接

插入动作按钮后，在弹出的"操作设置"对话框中选择超链接到"幻灯片"，选中第二张幻灯片后确认，如图 3-88 所示。

3．插入页脚

如图 3-89 所示，设置页脚内容，并勾选"标题幻灯片中不显示"复选框，然后单击"全部应用"。

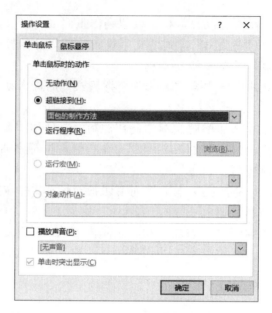

图 3-88 动作按钮超链接设置

图 3-89 插入页脚

【综合练习 3-5】

涉及的知识点

主题设计，幻灯片版式，艺术字，幻灯片背景，超链接，对象动画，SmartArt 图形，幻灯片切换。

操作要求

对演示文稿"lx3-5.pptx"进行美化，要求如下：

（1）为整个演示文稿设置"红利"主题。将第二张幻灯片的版式设为"标题和竖排文字"，将第四张幻灯片的版式设为"比较"。

（2）通过幻灯片母版为每张幻灯片添加艺术字水印效果，艺术字样式为"填充：白色；边框：梅红，主题色 2；清晰阴影：梅红，主题色 2"，字体"华文彩云"，文字为"四喜传媒"，参考样张旋转一定的角度。设置水印文字透明度 70%，上下左右偏移均为 0%。

（3）为第二张幻灯片内容文本中的"公司的组织架构"添加超链接，链接到第五张幻灯片，并为第二张幻灯片的内容文本添加"浮入"的动画效果，开始时间"上一动画之后"。

（4）将第五张幻灯片内容占位符中的文字内容转换为一个"组织结构图"样式的SmartArt 图形，结构图架构如样张所示，其中"总经理助理"为助理级别。

（5）为全部幻灯片设置"推入"的幻灯片切换方式，自动换片时间 2 秒。第一、三、五张幻灯片切换效果选项为"自底部"，第二、四、六张幻灯片切换效果选项为"自顶部"。

样张（见图 3-90）

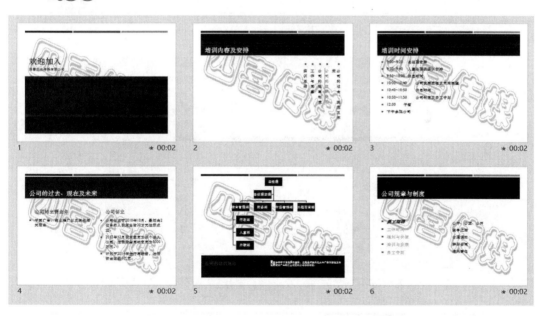

图 3-90 综合练习 3-5 样张

步骤提示

1. 利用幻灯片母版添加艺术字水印效果

（1）进入幻灯片母版视图后，在导航窗格最上方的主题母版中，先按艺术字样式和字体要求输入艺术字，然后如图 3-91 所示，将艺术字旋转一定角度。

（2）在艺术字文本框上右击，在弹出的快捷菜单中选择"剪切"命令。

（3）在主题母版幻灯片背景空白处右击，如图 3-92 所示，在弹出的快捷菜单中选择"设置背景格式"命令。

（4）如图 3-93 所示，设置背景以"图片或纹理填充"，图片源为"剪贴板"，透明度和偏移量按题目要求设置。

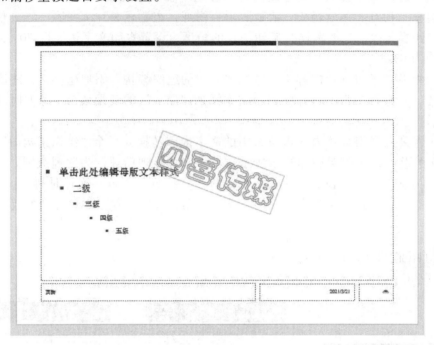

图 3-91　母版视图插入艺术字

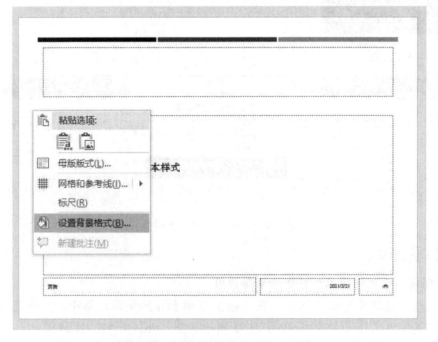

图 3-92　幻灯片母版背景格式设置

2．编辑 SmartArt 图形

将文本转换为 SmartArt 图形"组织结构图"后，选中"总经理"图形框，如图 3-94
所示，在选项卡中选择"添加形状"按钮中的"添加助理"命令。然后在文本窗格中
进行编辑，将"总经理助理"文本剪切粘贴至新增加的助理位置。最终效果如图 3-95
所示。

图 3-93 设置背景格式

图 3-94 添加形状

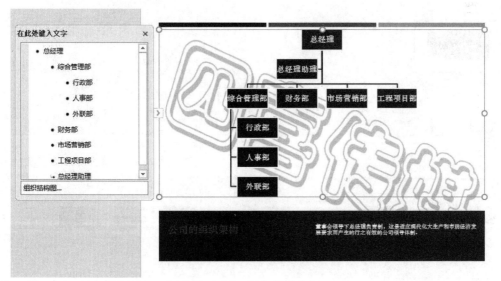

图 3-95 文本窗格编辑

【综合练习 3-6】

涉及的知识点

演示文稿的新建和保存，文本信息编辑，主题设计，SmartArt 图形，超链接，插入图片，逻辑节。

操作要求

（1）创建一个新演示文稿"lx3-6.pptx"，需要包含 Word 文档"培训素材.docx"中的所有内容，每一张幻灯片对应 Word 文档中的一页。其中，Word 文档中应用了"标题 1"、"标题 2"样式的文本内容分别对应演示文稿中的每页幻灯片的标题文字、第一级文本内容。

（2）设置演示文稿主题为"地图集"。取消第二张幻灯片中文本内容前的项目符号，并将最后两行落款和日期右对齐。

（3）将第三张幻灯片中的文本内容转换为 SmartArt 图形"垂直框列表"，分别将每个列表框链接到对应的幻灯片，并在对应幻灯片中添加返回第三张幻灯片的动作按钮。

（4）将图片"img01.gif"插入最后一张幻灯片的内容占位符中，并适当调整其大小。

（5）将演示文稿分为 3 节，第 1 节为第一张幻灯片，命名为"标题"；第 2 节为第二张幻灯片，命名为"通知"；其余幻灯片为第 3 节，命名为"内容"。

样张（见图 3-96）

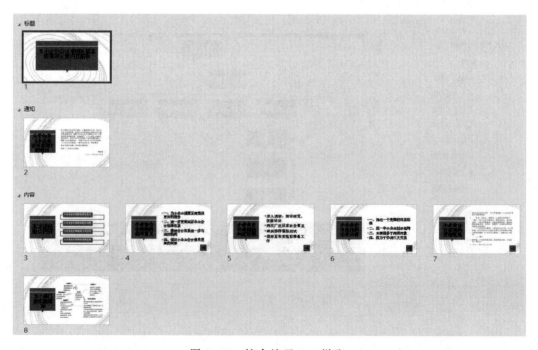

图 3-96　综合练习 3-6 样张

步骤提示

　　如图 3-97 所示为采用"大纲视图"编辑文本的方法，将 Word 文档的所有内容复制粘贴进大纲视图中，然后对文本内容进行排版编辑。

图 3-97　大纲视图文本编辑

全国计算机等级考试二级 MS Office 高级应用与设计考试大纲（2021 年版）

基本要求

1. 正确采集信息并能在文字处理软件 Word、电子表格软件 Excel、演示文稿制作软件 PowerPoint 中熟练应用。

2. 掌握 Word 的操作技能，并熟练应用编制文档。

3. 掌握 Excel 的操作技能，并熟练应用进行数据计算及分析。

4. 掌握 PowerPoint 的操作技能，并熟练应用制作演示文稿。

考试内容

一、Microsoft Office 应用基础

1. Office 应用界面使用和功能设置。

2. Office 各模块之间的信息共享。

二、Word 的功能和使用

1. Word 的基本功能，文档的创建、编辑、保存、打印和保护等基本操作。

2. 设置字体和段落格式、应用文档样式和主题、调整页面布局等排版操作。

3. 文档中表格的制作与编辑。

4. 文档中图形、图像(片)对象的编辑和处理，文本框和文档部件的使用，符号与数学公式的输入与编辑。

5. 文档的分栏、分页和分节操作，文档页眉、页脚的设置，文档内容引用操作。

6. 文档的审阅和修订。

7. 利用邮件合并功能批量制作和处理文档。

8. 多窗口和多文档的编辑，文档视图的使用。

9. 控件和宏功能的简单应用。

10. 分析图文素材，并根据需求提取相关信息引用到 Word 文档中。

三、Excel 的功能和使用

1. Excel 的基本功能，工作簿和工作表的基本操作，工作视图的控制。

2. 工作表数据的输入、编辑和修改。

3. 单元格格式化操作，数据格式的设置。

4. 工作簿和工作表的保护、版本比较与分析。

5. 单元格的引用，公式、函数和数组的使用。

6. 多个工作表的联动操作。

7. 迷你图和图表的创建、编辑与修饰。

8. 数据的排序、筛选、分类汇总、分组显示和合并计算。

9. 数据透视表和数据透视图的使用。

10. 数据的模拟分析、运算与预测。

11. 控件和宏功能的简单应用。

12. 导入外部数据并进行分析，获取和转换数据并进行处理。

13. 使用 Power Pivot 管理数据模型的基本操作。

14. 分析数据素材，并根据需求提取相关信息引用到 Excel 文档中。

四、PowerPoint 的功能和使用

1. PowerPoint 的基本功能和基本操作，幻灯片的组织与管理，演示文稿的视图模式和使用。

2. 演示文稿中幻灯片的主题应用、背景设置、母版制作和使用。

3. 幻灯片中文本、图形、SmartArt、图像(片)、图表、音频、视频、艺术字等对象的编辑和应用。

4. 幻灯片中对象动画、幻灯片切换效果、链接操作等交互设置。

5. 幻灯片放映设置，演示文稿的打包和输出。

6. 演示文稿的审阅和比较。

7. 分析图文素材，并根据需求提取相关信息引用到 PowerPoint 文档中。

考试方式

上机考试，考试时长 120 分钟，满分 100 分。

1. 题型及分值：

单项选择题 20 分(含公共基础知识部分① 10 分)；

Word 操作 30 分；

Excel 操作 30 分；

PowerPoint 操作 20 分。

2. 考试环境：

操作系统：中文版 Windows 7。

考试环境：Microsoft Office 2016。